▶九型人格行动组型（Doing Triad）的人，最不会幻想，最兢兢业业，最在乎生存问题。他们只关心那些切实摸得到、吃得到、捉得着的东西，他们的智慧却也因其实效性而让人折服。属于这一中心的人不需要重复思量、向内感想，便可能直接趋生明快的行动，说走就走，说做就做，是典型的问题解决专家。所以在三大中心里，他们可说是对于做事最感兴趣，也最有行动力的。在个体健康状况良好时，他们的行动能力是其他组型的人比不上的，通常在实务上或科学方面有突出的表现；而在个体不健康时，他们的行动能力会严重失衡。这一组型的人共有的问题：焦虑、不安全感。

▶九型人格思想组型的人在遇事时，会习惯性地用头脑去分析、演绎，他们有高明的想象力、联想力与分析力，是九型人格中对理性最感兴趣的一群，然而行动能源相对较弱。

▶九型人格情感组型的人遇事时的直接反映源于情绪、感觉和感情。他们是最情绪化的一群，容易感动、容易伤感，感情细腻又浓郁。他们渴望了解别人，又渴望被别人了解。对于爱，他们永不嫌多。

▶给予型的人非常在乎他人的好感，为了满足他人的需求，给予者会把全部的热情投入到情感关系中。其实给予型的人心中都住着一个小孩，他们通过与他人的关系来感知自己，需要确保自己跟别人的情感及生活紧密地结合在一起。

▶调停型的人习惯于像仲裁者般为别人奋战，或确保某一方并未受到忽略。有趣的是调停型也是最顽固的一个类型，很多时候当他们迟迟不做决定时，越向他们施压，他们越顽固，越不表态。

▶浪漫型的人总是在追求一种生命的独特性，他们爱幻想，情感多变，乐于活在边缘。浪漫型的人大多举止柔美优雅，婉约细致，对美感有独到的洞察力，会深深地被美丽的东西所吸引，在一些需要创造性的工作上，表现得非常有灵气。

▶世界上没有两片完全相同的树叶，也找不出两个完全没有差异的人，每个人都是独一无二的。跟你同路行走的人，也有着自己的性格和特点，不同的性格会把我们每个人引入各自不同的命运中，而我们能做的就是了解自己、接受自己，并且努力成为更好的自己。

总有一种性格掌控你的命运

解读各种性格及九型人格应用指南

李现 著

台海出版社

图书在版编目（CIP）数据

总有一种性格掌控你的命运 / 李现著. -- 北京：

台海出版社, 2017.10

ISBN 978-7-5168-1573-1

Ⅰ.①总… Ⅱ.①李… Ⅲ.①性格—通俗读物 Ⅳ.

①B848.6-49

中国版本图书馆CIP数据核字（2017）第238147号

总有一种性格掌控你的命运

著　　者：李　现

责任编辑：戴　晨　　　　　　　装帧设计：MM末末美书
版式设计：张丽娜　　　　　　　责任印制：蔡　旭

出版发行：台海出版社

地　　址：北京市东城区景山东街20号　邮政编码：100009

电　　话：010—64041652（发行，邮购）

传　　真：010—84045799（总编室）

网　　址：www.taimeng.org.cn/thcbs/default.htm

E - mail：thcbs@126.com

经　　销：全国各地新华书店

印　　刷：保定市西城胶印有限公司

本书如有破损、缺页、装订错误，请与本社联系调换

开　　本：150×210　1/32

字　　数：124千字　　　　　　　印　张：7

版　　次：2018年2月第1版　　　印　次：2018年2月第1次印刷

书　　号：ISBN 978-7-5168-1573-1

定　　价：32.00元

序　言

　　一位美国记者采访J.P.摩根，问："决定你成功的条件是什么？"老摩根毫不掩饰地说："性格。"记者又问："资本和资金何者更为重要？"老摩根答道："资本比资金重要，但最重要的还是性格。"

　　我们常常听人说：性格决定命运。性格是指对人、对事的态度和行为方式上所表现出来的心理特点，如开朗、刚强、懦弱、粗暴等。更具体地说，如果一个人对现实的一种态度在类似的情境下不断地出现，逐渐地得到巩固，并且使相应的行动方式习惯化，那么这种较稳固的对现实的态度和习惯化了的行动方式所表现出的心理特征就是性格。构成一个人的性格的态度和行动方式，总是比较稳固的，在类似的甚至不同的情境中都会表现出来。当我们对一个人的性格有了比较深切的了解，我们就可以预测到这个人在一定的情境中将会做什么和怎样做。

世界上没有完美无缺的性格，每个人的性格都有长处与短处。人天生就有某一类性格，决定了这个人适宜在这个方面做事，而不适合在那个领域发展。每个人的性格，都蕴藏着一定的能量、反映着一个独特的世界。它既可以助人走向成功的彼岸，也可以将人推入失败的深渊。认识性格，就是要了解性格的内涵，造就积极健康的心态；把握性格，就是要把握命运的风帆，从而在潮起潮落的人生航程中不致触礁遇险。

而九型人格学就是一门研究人们的性格分类、讲求实践效益的学科。九型人格属人格心理学范畴，是应用心理学中的一种，其应用范围广泛，适用于个人成长、婚恋、子女教育、企业管理及人际沟通和关系处理等方方面面。近些年来，九型人格的应用不断扩展，还作为一种评估工具，被广泛用于企事业单位人员招聘、组织构建、团队沟通。

九型人格论把人格清晰简洁地分成九种类型，每种类型都有其鲜明的人格特征。九型人格论所描述的九种人格类型，并没有好坏之别，只不过不同类型的人回应世界的方式具有可被辨识的根本差异。九型人格是一张详尽描绘人类性格特征的活地图，是我们了解自己、认识和理解他人的一把金钥匙，是一件与人沟通、有效交流的利器。

九型人格不仅仅是一种精妙的性格分析工具，更主要的是为个人修养与自我提升、历练提供深入的洞察力。与当今其他性格分类法不同，九型性格揭示了人们内在最深层的价值观和注意力焦点，它不受表面的外在行为的变化所影响。它可以让人真正地知己知彼，可以帮助人明白自己的个性，从而完全接纳自己的短处、活出自己的长处；可以让人明白其他不同人的个性类型，从而懂得如何与不同的人交往沟通及融洽相处，与别人建立更真挚、和谐的合作伙伴关系。

九型人格在帮助个人增进自我认识方面极为有用。它犹如一面镜子，显露出不为我们所知的性格特点。我们的日常生活均依我们内在的性格特质惯性模式运作，当日常生活出现变化，如压力增加，我们惯常的应付方式便会出现问题和失效。九型人格可以帮助我们明白我们惯常的生活模式，我们的行为和行为背后的原因，以及惯常生活模式对自己和别人的影响。当我们精确了解了我们的性格特质，便可以洞察我们的行为而做出适当的调校。当我们自我省觉的能力提升，便可避免做出负面和潜在危机的行为。当性格结构重新回复平衡状态，九型人格理论可以帮助我们认清自己所属的性格特质，并迈向更高的灵性及心理素质。九型人格理论最终可以帮助我们认清我们性格深层的本体，将我们与大自然联结起来，从而活出真我，使我们能与自己、亲友、社会、世界和谐相处，获得自由与快乐。

本书中所阐述的九型人格学既简单、精确，又寓意深远：描述了每种性格更高层面的认知，提示我们每天如何与自己的性格打交道，让我们真正认识自己、了解别人，找到那把人生中暗自牵引自己命运的钥匙。

目　　录

Contents

C   o   n   t   e   n   t   s

第一章

九型人格的前世今生

1. 九型人格的起源

　　九型人格（Enneagram）是一门有着两千多年历史的古老学问，起源于中亚细亚（阿富汗、伊朗一带），早期作为宗教团体、牧民的工具，是苏菲教口述密传宝典、灵性修炼的方法。九型人格按照人们惯性的思维模式、情绪反应和行为习惯等性格特质，将人分为九种，称为九型人格。

　　千百年来，九型人格学都是采用口述的方式作为个人成长的指导原则而被传授下来的。在古代，它的应用地域已十分广泛。在第三和第四世纪时，基督教神秘主义中沙漠之父的传统，已开始利用为九型人格论所命名的人格特质，来倡导趋善避恶的观念。另外在苏菲教派伦理训练中，该教的灵性教师，至少在1400年前，就已采用教外不传的方式，建立了以九型人格为立论基础的修行学说。其奥妙之处是：苏菲教派的教师会根据每个人不同的处境，给予一矢中的的解答，这完全得归功于他们对九型人格得心应手的活用。

1920年，美国人古尔捷耶夫——一位神秘主义和灵性的教师，首先将九型人格之说传到西方，用来阐释人格的九种特质。而真正将这套学说发扬光大的是艾瑞卡学院的创办人奥斯卡·伊察索，他自称在1950年在阿富汗旅行时，从苏菲教派里习得这种学说。伊察索将人类的九种情欲（原罪）融进九型学说中，并以之为心理学的训练教材。1970年，继智利的艾瑞卡学院后，美国的艾瑞卡学院亦随之成立。自此之后，围绕九型人格的一系列工作，逐渐在美国各地流行起来。

目前，有关九型人格的书籍已如雨后春笋。自1993年，斯坦福大学商学院更开办了"人格、自我认知与领导"的课程，企图发掘、推广九型人格在经商领域的潜能，可见九型人格确实在创富、成功学上，拥有无穷的威力。

2.九型人格的基本结构

　　认识九型人格论，最便捷的方法就是从九宫图入手。如图1-1所示，九宫图以一个圆和圆内的九个点，以及连接这九个点的线构成。在这看似简单的构图中，蕴藏着表现人们内心世界的地图。或许你对此半信半疑，但读到后来，你肯定会理解这个由圆、点、线构成的地网的精妙之处。

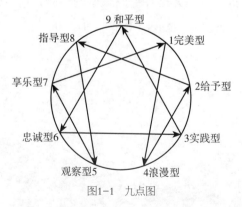

图1-1　九点图

一、向上和向下走向

每个号码代表个人所隶属之基本性格，每种性格皆可以成为此图的中心点。要注意的是，每个型号都有向上（健康的）和向下（不健康的）两种走向，这两种走向，都会使基本性格的特征暂时隐没（当然也可以隐伏一段挺长的时间）并吸收别种性格的特质，而使得它于外在表现上，倾向于另一种性格。而每种性格都有它自己向上向下游走的轨迹，并不是随意移动的。

譬如某人属于7号，是个享乐型，但不健康的7号，则会变成不健康的1号（完美型），经常对人尖酸刻薄，故意挑剔；相反，健康的7号，则会变成爱好思考、冷静集中的健康型5号（观察型），这时他本身属于7号的正面特质，再加上5号的长处，就像如虎添翼般，能够圆满地发挥出自己的才能和优点。否则，若是向下落入1号的处境，他本身属于7号的负面特质，如再加上1号的短处，就会变本加厉。

二、旁侧个性

除了向上向下两种走向外，每一性格都各有左右两种侧型（有时我们称之为左右侧翼），使该种性格会倾向任何一边。举个例子，我们若以7为中心，它的两边就是8和6。某些7号型人会倾向8号，有些则会倾向6号。所谓倾向，就是除了基本类型的特点外，还拥有所倾向类型的一些特性。靠近8的7号人，较一般的

7号会有更大的行动力和决心，有大无畏的冒险精神；靠近6的7号人，则更容易有支配别人的倾向。所以我们不单要判断某人属于某一类型，还要留意旁侧类型对他个性的影响。这也解释了为何同属于一个性格，但不同人的表现可能会有天渊之别。

不同性格各有自己特定的左右侧翼，九点图已清楚标明。总之，凡是最邻近一个型号的左右两个号码，就是该中心型号的两个侧翼。所以7的左右侧翼是6和8，6的左右侧翼是5和7，1的左右侧翼是9和2，如此类推。

各性格可以发挥潜能或顺境时的走向：

1→7→5→8→2→4→1

9→3→6→9

各性格未能发挥潜能或逆境时的走向：

1→4→2→8→5→7→1

9→6→3→9

与向上向下的走势不同，侧翼对中心性格的影响基本上没有好坏、正负面之区别，因此我们不能断言，某一性格的左倾较右倾健康。不过无可否认，中心性格倾向于左侧或右侧，对它上升或下降的路向都有或多或少的决定作用。

3. 神秘的九宫图

　　九型性格揭示的是内心最深层的价值观，上图（九宫图）是我们认识和学习九型性格的基本图形。

　　三角形：表示天、地、人。先天，后天，自己。意为上天所赐的资源，后天的培育，自己的创造。

　　六边形：六六无穷，变幻是永恒的。

　　数字：性格类型。不同的数字，代表不同的性格，每种性格都有其典型特征。

　　箭头方向：顺向为压力状态下的性格反应类型，逆向为轻松状态下的性格反应类型，为该型的成长进步方向。如：8型在轻松、心情愉悦时会表现出2的特征，如果想要有更大的成长则需要学习2型的特质，在压力状态下则会表现出5型的特征。

　　九宫图据传源于古代的巴比伦文化。十四五世纪之间，苏菲宗派的师父用它来帮助弟子们了解、转化自己。但是九宫图出现在西方，则是到了二十世纪二十年代，古尔捷耶夫在巴黎用它来教导他的弟子才开始的。经过多年的辗转传承，九宫图早已不再有统一的解释。由于它并不像物理、数学那般是一清二楚的科学，所以每个师父在传授九宫图给他的弟子时，常会加进他自己的见解，等那些徒子传给徒孙时，又加加减减了许多东西。这类学问的价值，并不在于它能通过多精密的科学检验，而在于它能增进人的内在成长，以及对人性的了解。这并不是说它不科学，只是从现代心理学的角度去探讨九宫图的研究，才刚在起步阶段。

九宫图认为个体要处理的问题有三方面，分别是：情绪、行动能力、与环境的关系。每个人会特别致力于其中一种"专攻"，而可能产生的结果有三种：发展过度、发展不足，或是失去与该问题的直接联系。

第二章

发现你的性格地图

1. 利用情感倾向判断你的人格类型

每个人都隶属于"九型人格"中的一种基本类型。尽管人们的人格类型终身保持不变，但随着个人的成长和发展，性格可能会变得比较柔和，也可能会更加强硬。要确认自己的人格类型，人们必须认真观察自己，对自身的优点和缺点进行正确的评价。

人类都具有情感，但并不是每个人都拥有相同的情感以及相同强度的情感。人类所有的情感都可以归于以下四种基本的类型：愤怒、悲伤、高兴以及害怕。

人们的情感在强度上存在差别，可以分为高、中、低三个层次。请仔细阅读下面列出的所有情感倾向，如果和自己经常表现出的情绪相同，就在左边的小方框内画钩。读者应该尝试着对自己表现出的情感进行总结——不要只是针对上个星期或上个月，而是要针对自己在生活中通常流露的情绪进行总结。

一、愤怒

表2-1

高	中	低
□憎恨	□激动	□烦恼
□恼怒	□寻衅	□愤世
□愤怒	□好辩	□痛苦
□厌恶	□气愤	□烦躁
□激怒	□沮丧	□郁闷
□大怒	□愤慨	□生气
□震怒	□急躁	□烦恼
□激愤	□怨恨	□紧张
□复仇	□讨厌	□不爽

二、悲伤

表2-2

高	中	低
□痛苦	□放纵	□乏味
□崩溃	□冷漠	□失望
□忧虑	□消沉	□幻灭
□绝望	□哀伤	□无助
□悲痛	□绝望	□孤独
□屈辱	□忧郁	□难过
□退缩	□悲观	□忧伤
□迷茫	□心酸	□心烦
□无用	□虚弱	□被动

三、高兴

表2-3

高	中	低
□大喜过望	□活泼	□活力
□兴高采烈	□快乐	□镇定
□欣喜若狂	□兴奋	□平和
□热情洋溢	□感激	□满足
□喜气洋洋	□乐观	□愉快
□充满欢乐	□感情用事	□平静
□蓬勃向上	□自豪	□高兴
□精力充沛	□满意	□放松
□积极乐观	□欣慰	□安定

四、害怕

表2-4

高	中	低
□惊恐	□忧虑	□谨慎
□无助	□不安	□关注
□困苦	□迷茫	□糊涂
□焦虑	□困扰	□紧张
□害怕	□不安	□小心
□受惊	□吃惊	□犹豫
□恐慌	□有压力	□勉强
□惊呆	□烦恼	□疑虑
□痛苦	□担心	□警惕

　　读者的选择所呈现的情感倾向非常重要。要对这些选择进行分析我们首先要从总体上进行研究，然后再对细微处进行判断。

总体分析：

1.总体来看，你在多少选项旁边打上了对号，超过50%还是少于25%？

2.哪个情感倾向中包含最多的对号？哪个情感倾向中包含最少的对号？

3.你的选择是否可以显示出你一般倾向于哪种强度的情感表达？

细微判断：

1.在每种情感倾向中，你注意到你的情感强度模式吗？

2.比较不同的情感倾向，你是否发现什么特殊的不同点和相同点？

如果你的选择集中在"害怕"这一情感组别中，并且大多是中度和强度的选项，那么你的"九型人格"类型很可能属于思维（脑）中心。"九型人格"类型中的观察型、忠诚型以及享乐型都属于思维中心。这三种类型在面对自己最通常表现出的恐惧情绪时，首要的反应就是进行详细的分析、思考与反省。

观察型在恐惧时总是表现为退缩，他们将自己推入心灵的世界里进行思考。如果你在其他三个情感组别中的选择都集中在低度的选项中，你很可能就属于观察型。这是因为观察型所表现出的退缩实质上是一种情感上的抽离。

忠诚型在面对担心和恐惧时会更多地设想事情的负面，以避免坏结果的发生。因此忠诚型的选择也就分布在"害怕"这一情感组别中的三类不同强度的选项里。

享乐型对待恐惧的态度完全不同，他们的方法是将注意力从担心快速转移到对未来的美好展望上。表面上看来享乐型无忧无虑，事实上这只是他们在面对痛苦时采取的一种逃避方式，因此他们的选择不仅集中在"害怕"这一组别，还包括"高兴"组别。

如果你的选择分布在四个不同的情感组别中，那么你的"九型人格"类型很可能属于情感（心）中心，包括给予型、实践型以及浪漫型。

给予型总是希望塑造一个可爱的形象，期待他人肯定自己的自我价值。给予型热情、乐观，因此他们有很多选择集中在"高兴"组别。

如果你的选择分布在四个不同的情感组别中，但在"伤心"一组中比较少时，你可能属于实践型。实践型努力工作，追求成功，渴望得到他人的尊重和敬仰，因此悲伤不符合绝大多数实践型"一切皆可为"的性格特征。

恰恰相反，浪漫型总是感觉到悲伤、忧郁，因此他们的选择很多集中在"伤心"这一感情组别中。在属于情感中心范畴的这三种人格类型里，浪漫型最注重内心感受，他们追求不寻常，敏感地防范别人的拒绝。

如果你的选择多数集中在"愤怒"这一情感组别中，那么你的"九型人格"类型很可能属于行动（腹）中心，包括完美型、指导型以及调停型，其最基本的情绪表现为愤怒。

如果你的选择分布在"愤怒"组别中的中度选项以及"伤心"组别中的部分选项上时，你很有可能属于完美型。完美型的愤怒情绪往往在长时间的淤积下突然爆发出来。由于喜欢自我批评，完美型经常也会感到沮丧、忧郁，这也是为什么他们的部分选项会集中在"伤心"组别的原因。

如果你的很多选择都集中在"愤怒"组别里的强度选项中，你可能就属于指导型。指导型感情外露，经常直接表达自己的愤怒。很多事情都可以激起指导型心中的怒火，比如生活中的不公平，他人的软弱表现、处理事情不力或者撒谎等等。

调停型的愤怒，有时也称为"沉睡中的愤怒"，往往被压抑在内心深处。调停型只有在感觉到被忽视或者被强迫的情况下才会表现出自己的愤怒，因此他们的选择不会出现在"愤怒"组别里的强度选项中。调停型乐于与人和平相处，总是尽力避免愤怒和冲突，他们的选择通常会分布在四个不同的情感组别中，感情的强度也多为低度或者中度。

上面的测试仅仅是促使读者开始思考自身的特点，判断自己的人格类型。在继续阅读后面有关九型人格的测试时，通过前面测试所获取的信息可以帮助读者进一步了解自己，从而正确发现自己究竟属于哪一种人格类型。

2. 利用内心感受判断你的人格类型

　　无论我们在享受成功的喜悦，还是陷入失败的痛苦，我们都会有所思、有所想，而这些内心感受正是我们性格的真实表现，利用这些内心感受可以准确判断自己的人格类型。如果你已经四十多岁，就需要回忆一下自己在三十多岁、二十多岁甚至十几岁时的想法，只有对自己的情况进行全面总结，这样的内心感受才真正是自己的写照。

一、完美型

　　由于内心存在很高的期望值，我努力让自己以及他人的行为都能符合这些重要的标准。我能轻松分辨出什么是错的或者不正确的，以及如何进行改进。我的要求可能有些过分，表现有时也太吹毛求疵，但是我就是无法容忍错误，所以力求每一个细节都是正确的。勇于承担责任带给我很大的满足感，执著追求完美是我真正的享受。当我下决心做一件事时，就一定保证不让任何一个细节出现差错。如果别人做事不够完美或者不负责任，也可能惹恼我，但是我会尽力掩饰这种愤怒。

不辞辛劳的
遵守纪律的

爱评判的
顽固的

我的脑海中是否总有一个声音或者信息，就像录音机一样，时时刻刻因为做错的事批评自己？

二、给予型

我最大的能力在于心里就像有一个隐形的感应天线，总是能够感觉到他人的需要，有时甚至在他们自身都还没有察觉时我就能读懂他们的内心。我喜欢成为一个热心、友好、慷慨的人，因此总是不断努力与他人维持良好的关系。有时自己的给予会被人误解，或者自己也需要帮助时，我还是忍不住地想要帮助他人。我坚持不懈地奉献自己，但如果别人并不感谢我所付出的努力时，我也会变得比较情绪化。

有责任心的
体察他人感受的

不直截了当的
过分热心的

我是否总是能够感觉到别人的需要，却很难说清楚自己究竟需要什么？

三、实践型

对成功、出类拔萃的追求是我人生最大的动力。一般来讲，为了实现自己的目标，我会全力以赴，做到最好。我坚信一个人的价值很大程度上取决于自身的成就。由于繁忙，我很少顾及自己的感受或者进行自我反省，这样才有时间完成任务。当然，如果别人浪费我的时间或者不按时完成任务，也会使我的努力前功尽弃。我热爱竞争，但同时也是一个很好的团队合作者（尽管大多数时间我都把其他团队成员甩在了后面）。

我所做的一切事情是否都是为了赢得他人的重视和尊敬？

四、浪漫型

真挚的人际关系对我来说具有很大的价值和意义。我喜欢用最美、最浪漫的方式表达感情，会被不同形式的艺术所吸引。我的艺术感觉独特、复杂，经常觉得别人不能真正地理解我，对此我要么非常愤怒，要么无比悲伤。与众不同、被他人从内心接受是让我最高兴的事。同样，我也愿意体验生活中悲伤的一面。事实上，忧郁的感觉对我来说也具有不可抗拒的魅力。我认为平凡的生活太过乏味暂时的疏离却有着无比的吸引力。

创造性的
富于感情的

激烈的
自我的

当我的情绪反应强烈时，是否会长时间地缠绕其中，受其困扰？

五、观察型

我善于分析，喜欢独处以积蓄能量。和置身其中相比，我更喜欢远远地从外围观察形势。我不喜欢被人寄予过多的要求。我需要一个独立的思考空间，反省过去，放松自我。我的精神世界丰富多彩，因此从不会感到孤独。我喜欢简单的生活，尽量自给自足。

知识爱分析的
客观的

疏远的
不自信的

当形势变得激动或紧张时，我是否能够轻松地逃离一切，而在稍后自己认为合适的时候再返回到现实当中？

六、忠诚型

我的思维敏锐、深刻，在安全感受到威胁时大脑会高速运转以解决问题。我对事物充满好奇，善于觉察对方的动机。我经常观察外部环境，觉得危险随时来临，因此信任别人对我来说是最大的问题。我怀疑权威，但对自己所属的团队却无比忠诚。面对威胁，我要么躲避，要么迎头痛击。两方对垒，我更乐于积极支持处于劣势的一方。

忠诚的
有责任心的

忧心忡忡的
高度警惕的

做事情时，我是否经常忧心忡忡，生怕出错，竭力避免一切负面可能的发生？

七、享乐型

我生性乐观，喜欢一切新鲜的、有趣的事物。我思维活跃，想法经常变来变去。当然我也会通盘考虑所有想法，如果能将起初完全不相关的点子联系在一起，我会非常兴奋。我讨厌毫无回报或者简单重复的工作，但如果工作能让我感兴趣，我也会全身心付出。当有什么事情让我苦闷时，我就会立刻转移注意力，转而去想那些能够让我快乐的事物。我害怕被束缚，拥有多重选择对我来说非常重要。

自然的
多重思维的

不专注的
反叛的

是否只有不断地寻求新鲜、刺激的人、想法和事物才让我觉得生活在继续向前，让人兴奋？

八、指导型

成为一个坚强、正直、可靠的人对我来说非常重要，我做事向来直来直去，从不拐弯抹角。我欣赏有实力且性格直率的人，如果有人在我面前撒谎或者耍手腕，我一眼就能看出来。如果发生不公平的事，我乐于充当那些无辜之人的保护伞，但同时我又痛恨软弱。我不迷信权威，当我有不同见解或者面对无人处理的事情时，我就会毫不犹豫地挺身介入。当我生气时，根本无法掩饰自己的愤怒。我重视友谊和家庭，时刻准备维护二者的利益。

直率的
坚定而自信的

爱控制的
过分的

有的时候，我强硬的外表是否会有意无意地让他人觉得非常有威胁性？事实上我潜在的内心却极易受伤。

九、调停型

我能够倾听和接纳不同的观点，善于帮助别人解决分歧。但吸取不同优点的能力却让我有时很难做出自己的判断，显得有些优柔寡断。我讨厌分歧，轻易不愿意直接发火。我兴趣广泛，喜欢涉猎不同的领域，但有时也会分不清轻重缓急，忘记自己应该完成的事情。我个性随和、可爱，追求舒适、和谐、惬意的生活。

和蔼可亲的
随和的避免

爱拖延的
分歧的

　　我是否习惯迎合他人积极的一面，但在被消极、愤怒、冲突包围时却非常痛苦？

3. 利用问卷调查判断你的人格类型

利用问卷调查，你可以很自信地发现、确定并检验自己的人格类型。不过，本书利用问卷调查进行九型人格测验的目的不是为了给你的人格贴上标签，而是为了在理解自我、发展自我的旅程中给你提供帮助。

做了以上测试还没有确定自己的人格类型，是不是很着急，心里急于想知道自己属于哪一类型呢？下面就来填写一份问卷吧。不要先对自己属于哪一类型主观臆测，必须真诚地回答以下的问题。

下面的90个问题平均分为9组，每一题都是对某一类型的描述，如果你答"是"即表示该题符合你的状况，你拥有该型的特性，得1分。然后参照性格类型与测试题目的对应表，你在哪一类型的得分最高，你便属于哪一类型。

阅读下面的题目，符合自己情况的回答"是"，拿笔记下题号。不符合自己的，回答"否"，不用记题号；倘若在"是"或者"否"之间难以清除判断的话，不妨记"是"。

表2-5

题　号	题　　目	选　择	
1	喜欢舒适、和谐的生活，喜欢别人接受我。	是	否
2	喜欢以自己的价值尺度来评判他人。	是	否
3	喜欢通过思考来解决问题。	是	否
4	喜欢一切快乐的事。	是	否
5	喜欢行使权力。	是	否
6	希望周围的人都来找自己出主意或求助。	是	否
7	被人误解是一件十分痛苦的事。	是	否
8	总想帮助别人。	是	否
9	一旦决定为某人或某个理想奋斗后，就会死心塌地地去做。	是	否
10	常常试探或考验朋友、伴侣的忠诚。	是	否
11	看不起那些不像我一样坚强的人，有时会用种种方式羞辱他们。	是	否
12	一般不会当面对别人发怒。	是	否
13	艺术和美的表现手法是我表达情感的重要手段。	是	否
14	当别人办事不妥或者行事不公、不负责任时，我会有不满的情绪。	是	否
15	时常拖延问题，不去解决。	是	否
16	喜欢戏剧性、多彩多姿的生活。	是	否
17	通常是感情用事的人。	是	否
18	认为事情总是会朝好的方向发展。	是	否
19	当别人请教问题时，会巨细无遗地分析得很清楚。	是	否
20	总是在忙着什么，不喜欢无所事事。	是	否
21	喜欢听笑话或轻松的话题。	是	否

续表

题 号	题 目	选	择
22	如果得不到别人的重视和赏识，会变得十分情绪化甚至有些苛刻。	是	否
23	自己是一个性情安静、善于分析的人。	是	否
24	不喜欢在被别人指责后改正错误。	是	否
25	在别人眼里，是一个能让别人快乐的人。	是	否
26	最不喜欢的一件事就是虚伪。	是	否
27	知错能改，但由于执拗好强，周围的人还是感觉到压力。	是	否
28	常觉得很多事情都很好玩、很有趣，人生真是快乐。	是	否
29	有时很欣赏自己充满权威，有时却又优柔寡断，依赖别人。	是	否
30	往往会因为投入过多的精力去照顾别人，而忽略了对自己的呵护。	是	否
31	面对威胁时，会变得焦虑，有会对抗迎面而来的危险。	是	否
32	通常是等别人来接近我。	是	否
33	喜欢当主角，希望得到大家的注意。	是	否
34	别人批评我，我不会辩解。	是	否
35	希望生活变得更确定。	是	否
36	为了使别人满意，会迁就对方。	是	否
37	在重大危机中，通常能克服对自己的质疑和内心的焦虑。	是	否
38	喜欢竞争。	是	否
39	通常会避开危险或者正面挑战。	是	否
40	能够全面地看待事物。	是	否
41	喜欢为自己需要的东西会坚守到最后。	是	否
42	通常是优柔寡断的。	是	否
43	很有包容力，彬彬有礼。	是	否
44	好像不会关心别人似的。	是	否
45	有时，别人会觉得自己冷酷无情。	是	否

续表

题　号	题　目	选　择	
46	常常保持警觉。	是	否
47	不喜欢要对别人负责的感觉。	是	否
48	喜欢完美地表达。	是	否
49	经常拖延工作。	是	否
50	喜欢挑战和登上高峰的经验。	是	否
51	倾向于独断独行并自己解决问题。	是	否
52	在别人眼里，所作所为就像是在演戏。	是	否
53	常常表现得十分忧郁的样子。	是	否
54	在陌生人面前，会表现得很冷漠、高傲。	是	否
55	情绪不易外露。	是	否
56	常常不知自己下一刻想要什么。	是	否
57	常常对自己要求很高。	是	否
58	有丰富的情感世界。	是	否
59	做事有效率。	是	否
60	为人诚实。	是	否
61	有很强的创造天分和想象力。	是	否
62	不喜欢成为人们注意的中心。	是	否
63	喜欢每件事都井然有序。	是	否
64	常会回想起童年时代的幸福时光。	是	否
65	十分认同自己的所作所为。	是	否
66	如果周遭的人行为太过分时，会让他难堪。	是	否
67	喜欢不断追求成就。	是	否
68	是一位忠实的朋友和伙伴。	是	否
69	对别人的感受很敏感。	是	否
70	希望自己比别人更有成就。	是	否
71	很容易知道别人的感受和需要。	是	否
72	喜欢跟人比较。	是	否
73	如果事情没有按照我所认为的正确方式去做，将无法接受。	是	否

续表

题 号	题 目	选 择	
74	常常感情深藏。	是	否
75	倾向于保护在自己的权威和权力下的人。	是	否
76	喜欢体验高高在上的感觉。	是	否
77	不善于专心致力于某一件事。	是	否
78	一个热心肠的好人。	是	否
79	遇到不公正之事会感到苦恼。	是	否
80	待人热情而有耐性。	是	否
81	在人群中，时常感到害羞和不安。	是	否
82	讨厌拖泥带水。	是	否
83	帮助别人达到快乐和成功是重要的成就。	是	否
84	别人拒绝帮助，便会有挫折感。	是	否
85	时常过于严厉。	是	否
86	喜欢在一旁观察事情的进展。	是	否
87	总是以对或错、好或坏为标准看待事物。	是	否
88	常担心被剥夺自由，因此不喜欢承诺。	是	否
89	很容易认同别人，对一切都不挑剔。	是	否
90	办事井井有条，但效率不高。	是	否

把你回答"是"的题号拿出来，根据下表，每题记一分，统计出你在各个类型上的得分。

表2-6　性格类型与测验题目对应表

题 号	类 型	得 分	题 号	类 型	得 分
1	9		46	6	
2	1		47	7	
3	5		48	5	
4	7		49	7	
5	8		50	8	

续表

题　号	类　型	得　分	题　号	类　型	得　分
6	2		51	5	
7	4		52	4	
8	2		53	4	
9	6		54	4	
10	6		55	1	
11	8		56	4	
12	9		57	1	
13	4		58	4	
14	1		59	3	
15	9		60	1	
16	7		61	4	
17	4		62	9	
18	7		63	4	
19	5		64	7	
20	3		65	3	
21	7		66	8	
22	2		67	3	
23	5		68	6	
24	8		69	2	
25	9		70	3	
26	6		71	2	
27	8		72	3	
28	7		73	1	
29	6		74	3	
30	2		75	8	
31	6		76	3	
32	5		77	7	
33	3		78	2	
34	9		79	1	

续表

题　号	类　型	得　分	题　号	类　型	得　分
35	6		80	2	
36	9		81	5	
37	6		82	8	
38	3		83	2	
39	6		84	2	
40	9		85	1	
41	8		86	5	
42	9		87	1	
43	5		88	7	
44	5		89	9	
45	8		90	1	

　　如上表所示，如果第1题情况符合你，那么你性格的类型在第九类型方面得1分；第6题情况符合你，那么你在第二类型人格方面得1分。累积起来，如果你在第九类型方面得8分，其他类型只有4分或5分甚至更少，那么你大致就是第九类型人格了。

　　如果几个类型回答"是"的次数同样多的话，怎么办呢？另一个测试的途径就是反过来测试。也就是说，你挑出来你明确回答"否"的项目，绝对无法接受的项目较少的那个类型，很可能就是你的类型。换言之，回答"是"最多或者回答"否"最少，都能测试出你的类型。

第三章

情感组型：我渴望了解与被了解

1.九型人格 2 号性格：给予型

一位给予型的自述：

李娜，神经内科副主任，这样描述自己：回顾以往的人生之路，发现自己具备给予型的特点。如果他人有求于我，很难拒绝。即使他人无求于我，也会在不知不觉中伸手援助。自己没有时间，也会优先考虑别人的事情，即使做出牺牲，也在所不惜。烦闷的时候，转而帮助朋友，从中找到"自己可以"的感觉。如果他人有困难，我就去帮助他们解决。尽管没做什么坏事，仍不时有做了坏事似的罪恶感。

我一直以为自己擅长与上司、同事及部下相处。但学了九型人格理论之后，发现原以为无意中做的一切，其实是非常有意识的行为，而且知道自己的人际关系并没有想象得那样好。我有时非常温和，有时则严厉指责他人，甚至仅仅为了一点小事也会大动肝火。这常常发生在事情进展得不如预料的顺利，周围的人不理解我的时候。

给予型通常表现出外向、快乐、活力充沛、友善、自信、讨人欢心，尤其是乐于助人。他们自愿为他人提供时间、精力及物质，他们所赠送的礼物总是经过精心挑选，以符合接受者的品位。给予型的人喜欢付出多于求取，宛如自己什么也不需要，他们既独立又能干，最乐于满足别人的需求。

表3-1　给予型的性格描述表

描述类别	特征描述
基本描述	应该平等、自由地满足每个人的需求。 想要得到就必须先付出，要想被爱，就必须满足他人所需要。 通过引起他人的需要以及给予他们所需要的东西，学会如何满足自己的个人需求，同时也期望别人以同样的方式来帮助自己。感到很自豪，因为自己对别人来说是必不可少的。
主要特征	注意力集中于：别人的需求，尤其是那些自己所关心的人和关心自己的人的需求；人际关系；别人每时每刻的感受和情绪。 把精力投入到：察觉别人的情感需要，做一些使人愉快的事；能满足别人的需求并会使自己感到快乐的事；给别人留下好的印象；保持别人对自己的认同；浪漫的依恋。 竭尽全力以免：使别人失望，被拒绝或者不被欣赏，依靠别人。 突出特征：对人有帮助并且乐于捐助，慷慨大方，对别人的感受很敏感，乐于支持别人，有欣赏力，浪漫，精力充沛，有表现力。
压力与愤怒	压力源：觉得自己对许多人及许多事都是必不可少的；为自己的需要感到疑惑；尝试着让自己多一点时间去照顾自己；为人际关系投入太多而产生的情绪波动，尤其是那些具有挑战性的关系。 愤怒源：感觉自己不被赏识，感觉自己被忽视；感觉自己受到控制；不能满足个人需求。 愤怒形式：常常突然地爆发，谴责他人，哭泣。
个人发展	人格发展的最终目的：认识到我们都可以因为自己而得到关爱，而并非因为我们付出了多少或者别人有多么需要我们；认识到那些一成不变的、最终被满足的需求。

给予型的特征分析如下：

一、乐于助人，努力建立最好的人际关系

为满足他人想拼命努力的给予型，要表现得让人满意，所以十分在乎别人怎么想。他们有着使人快乐，使人充分发挥长处的能力。给予型喜欢支持野心家，在向困难挑战的时候，是理想的伙伴。

对他们来说，人际关系最为重要。为保持良好关系，即使自我牺牲也在所不惜。给予型即使与人争吵或惹出麻烦，也有不留下后遗症的本事。他们认为工作的成就感，不是利益等实质性的东西，而是自己与他人相处的好坏。如感到"倘若我不在，这个工作就无法进行"时，他们会觉得十分幸福。

通常，只要对人际关系感到满意，即使没有相应的利益回报，他们也会干劲十足。他们积极与人交流，使人感到心情舒畅，所以在单位里是模范。而且，他们具有吸引力，适应性强，有社交能力。此外，他们为人热情，在下述事情上非常出色，如记得他人的生日或纪念日，为表示祝贺，决不吝惜时间；他们喜欢真心诚意的礼物，自己准备的礼物也是同样。

儿童时代的给予型，因为性情温顺，多受大人的疼爱。因此，非常了解自己何处令大人疼爱，从小就学会让人关爱。大部分的给予型，只要注意观察，即使对方的表情和行为没有显

露，他们也能知道对方心底潜藏着什么愿望，能与他人站在同一立场。

他们常常关心别人需要什么，并希望谈论这类话题。有很深的同情心，总是向他人敞开心胸，讨厌争执，对他人充满圣人般的慈爱。虽然有时亲切过度，被人说成爱管闲事，但他们为人善良，值得尊敬。

二、不自觉地渴望得到关爱

但是，满足他人的要求并非目的，给予型真正追求的是获得他人的友爱和好感，以及他人的特别理解，即"另眼相看"。他们认为，要获得理解，就必须帮助别人，然而，他们并不清楚为什么需要友情和理解，这正是给予型的"误区"。

通过付出获得安全感的给予型，因他人需要自己而感到满足，却不敢正视自己的欲求，害怕这种欲求会成为获得友情的障碍。结果，总是关注外界，一心想获得别人的友情，不顾自身的欲求。

这类人之所以乐于助人，是因为心中潜藏着让对方接受自己，并对自己表示感谢的渴望。因此，当奉献得不到相应的回报时，就会牢骚满腹。这是想获得感谢的真正愿望，与为了讨人喜欢而显示自我之间的冲突。最终，甚至陷入被对方控制、利用的受害意识中。本来是自己主动要为对方奉献，现在变成想要从束缚中挣脱出来。这种内在的矛盾使给予型深感痛苦。

三、迎合他人而失去自我

这种人的复杂处在于有好几个自我，因对象不同而改变自己的角色。为了迎合他人，讨人欢心，结果角色错位，弄不清自我的本来面目。随着自身融入周围人的要求，忘了自己的真实感情。

这也可以称为"变色龙"。为了获得他人的欢心，一日数次地改变自己，无意中反而失去了真正的自我。给予型有时也会有欺骗他人的罪恶感。但同时，他们坚信对方、自己某些深藏的爱心，如此一来，更加拼命地讨他人喜欢，忘掉了自己的欲求。

这是很深刻的内部矛盾。给予型希望被人接受，满心想获得他人赞同。在他们看来，如果不被接纳，是最糟糕的事，于是总是迁就他人。但迁就别人，就无法展现真正的自我，到头来，被对方接受的并不是真正的自我。给予型本希望被接纳的是真正的自我，这种需求由于自我的"误区"而难以实现。更复杂的是，给予型不愿让人得到自己性格的相关信息，判定自己的性格特征。这样，他们"想被理解"和"不想被判断"两种愿望之间产生了冲突。

四、试图操纵他人

给予型的魅力在于他们诱人的特质。他们"知道"自己能让身边的人服服帖帖，并把焦点放在避免被拒绝，他们擅长卸下人们的武装防卫。

给予型的人能满足那些甚至看不出有需要的人，他们成为此人喜欢结识的类型，好让这些人感觉到自己很不错。"我迎合他们的知性生活。甚至情感生活，为他们寻求乐趣——我总是能找出能迎合他们的事物。"

擅长吸引他人的给予型，有试图操纵对方的倾向。这是想得到"回报"的潜意识的表现。如果他是野心家，就会以有无交往价值来看待对方，对于"有价值"的人，他们会施展自己的能力，巧妙地利用。

给予型崇拜有权力的人，认为顺从权力者，能够相应地提高自己。他们即使拥有领导者的才能，也更喜欢当幕后领导。他们不承认期待自己帮助的权力者的回报。但是，却希望所侍奉的权力者得势后，能够确保自身的安全，进而使自己成为权力的其中一环。不过，给予型并不仅仅满足于得到权力和安全，同时还寻求友情的满足。这种寻找心心相通的特点，是具有给予型性格的野心家与其他类型野心家的不同之处。

2. 九型人格 3 号性格：实践型

一位实践型的自述：

张波，一位电气工程师，这样描述自己：回顾自己的人生之路，状态最不好的情况是，想给人以好印象，却无法实现，因而感到焦虑。由于太想获得别人的好感，总是在乎对方的反应，结果适得其反。潜意识中老想着不能失败，但恰恰在转而采取保守的姿态时失败了。从这种现象中，我最能体会到实践型的"误区"在哪里。

在学习九型人格理论的过程中，逐渐了解到自己是多面的：因不安而依赖他人的自己；有自信、能和周围的人友好相处的理想的自己；逞能而傲慢的自己；遭受冷眼而情绪消沉的自己等等。寻根究底，我是因为担心"被社会遗弃而感到不安"所致，误以为工作做不好，就会受到批评，从而失去存在的价值。

　　实践型表现出自信、野心勃勃、成功、行动敏捷和热心十足。他们卖力工作来追求自我的目标，而且是极佳的驱动者，能让别人共享他们"任何事都可以达成"的信念。他们的生命，包括休闲时间，似乎是由一系列有待完成的工作或目标所组成，而且通常在前一个目标尚未达成时，就开始下一个新的计划。

表3-2　实践型的性格描述表

描述类别	特　征　描　述
基本描述	每件事情都是根据通用法则起作用和实现的。 我们所做的事依靠每个人的个人努力；人们应该从他们的劳动中获得报酬，而不能因为他们是谁而获得酬劳。 通过努力工作获得成功；通过保持良好的形象，学会如何去赢得别人的热爱与承认，并形成了自我激励、勇往直前的精神。
主要特征	注意力集中于：所有要做的事情，如任务、目标以及将来的成就；最有效的解决方法；怎样成为最出色的人。 把精力投入到：快而有效地把事情做好；保持积极与忙碌，参与竞争，通过成绩来获得承认与信任；调动所有能达到成功的因素，提高自我；举止优雅。 竭尽全力以免：不能达到自己的理想目标；别人比自己出色；丢面子；停滞不前及行事缓慢所引发的不适感和怀疑；所有妨碍自己办事的因素，其中包括情绪。 突出特征：气宇不凡，热情，有领导能力，自信，有经验、有能力而且有效率，有令人鼓舞的希望，镇静。
压力与愤怒	压力源：感觉的好坏基于自己做了多少事，以及由此出现的压力；还有基于地位、威望、权力而产生的压力；不知道自己的真实感受和价值；做得太多。 愤怒源：任何威胁或阻碍自己成功达到目标的人或事；没有能力，优柔寡断；他人的批评。 愤怒形式：不耐烦，易怒，偶尔情绪爆发。

续表

描述类别	特 征 描 述
个人发展	人格发展的最终目的：认识到爱来自我们自身，而不是来自我们的所作所为；认识到所有要做的事应该遵循通用法则，而不是依靠我们的个人努力。

实践型的特征分析如下：

一、重视效率，不惜一切追求成功

重视效率、追求成功的实践型，很善于表达自己的想法，他们的示范，对周围的人也有激励作用，从而产生成就大事的能量。他们好学且上进心强，坚持不懈地探索新目标的能力，可谓体现竞争社会价值观的"企业人的镜子"。与实践型在一起，会为其工作热情所感染，从而使组织内部自然而然地充满了活力。

实践型在工作开始前，就备好"怎样能完成工作"的方案，并让周围人都理解。他们对方案细节不做过多解释，着重说明如何才能激发工作热情。周围的人听了，就会自然地觉得这个工作非常有魅力。实践型具有把组织的力量调动到工作目标上的领导才能。

这些人对于儿童时代的回忆，总是"学习成绩好啦，因为听话而被夸奖"之类的故事。由于有这些成功的体验，他们可以撇开个人的感情，而将注意力集中于如何获得大人的爱。为了得到肯定的评价，不惜付出任何努力。他们主动要求担任领导的角色，专注于如何获胜，相信只有成功才能获得爱。

对他们来说，重要的是成绩和能力，而不是自己的感情。这种对工作痴迷的价值观，即是实践型的"误区"。而且，由于这一"误区"，他们非常害怕失败，不愿涉足有可能失败的工作。对人生的态度是只考虑积极面，而不考虑消极面。

二、表现出很有能耐

实践型虽然很难忍受没有前途的位置，但即使运气不佳，也会表现出获得赞赏的样子，尽可能扮演成功者的形象。而且，通过这种自我表现和演技，他们相信自己就是成功者。

因为有如此惊人的自我暗示能力，以至于他们在不同的组织里，能够像变色龙一样饰演不同的理想角色。例如，与冲浪爱好者在一起的时候，实践型就像个地道的冲浪爱好者；和聪明人在一起时，他们会表现得像个勤奋的聪明人，甚至想象受人尊敬的形象就是自己。由于有这样的能力，这类人总是演示着乐观而幸福的角色。除非遇到巨大的考验，他们不会盱眼关注烦恼等消极因素，也绝不会和自己的内心进行对话。

对实践型而言，最重要的是工作。为完成得出色，他们全力以赴。他们想通过工作得到地位和收入等可见的回报。不管工作本身多么无聊，商品本身的价值多低，只要回报很大，他们就会倾注热情。如果是推销员，他们会相信自己贩卖的商品价值很高，如果是研究者，他们便认为自己的课题最好，这都是无意识自我欺骗。

三、因担心失败而过分表现自我

实践型只要有什么新想法，立刻就会付诸实行。这样的行动力是实践型的能量所赐，同时也起到了消除忧郁的作用。他们之所以埋头工作，四处活动，乃是防止回首人生时，陷入情绪低落。他们的日程表总是排得满满的，工作以外的时间，会被旅行、运动等活动填满，什么也不做的空闲时间，对他们来说，不仅非常不健全，甚至还是一种恐怖。

他们认为，因家庭生活等矛盾而影响到自己的行为是愚蠢的。许多实践型都是工作狂，不重视家庭和恋人，即使与家人和恋人待在一起，也不会轻轻松松的，他们会想出去运动或旅行等。也就是说，他们不重视内心的交流，认为通过外在的行为才能表达自己的爱情。因为不想降低工作效率，他们不喜欢伴随各种矛盾的恋爱和家庭生活，喜欢平静的、没有纠纷的恋爱和婚姻。

实践型的行动力存在的弊害之一是，轻视只有靠深思熟虑才能得到的创造性，他们认为效率比什么都重要，所以对花费数小时，却有可能得不到任何成果的创造性活动敬而远之。

四、外强中干

实践型自视极高，这是他们通过自己的成绩和荣誉等实实在在的东西而构筑起来的。这和真正的自恋者无论在什么情况下一点都碰不得的自爱心不同。但是，他们一旦失去成绩或地位，自尊心就会受到严重伤害。所以他们常常担心因为懈怠而失去原有的地位。实践型回避有可能失败的工作，执著于稳操胜券的工作，因为心中的不安要他们远离自尊心受损的可能。

为了获得最大的成功，实践型重视效率，非常厌恶工作能力差、多思而不实干的人。他们讨厌有可能会导致自己失败的部下，希望部下是能促使自己走向成功的有用的工具。

实践型为了工作，不但牺牲个人生活，还要求周围的人也这样做。他们希望组织能按照自己所想发挥高效率。要让实践型认识到工作只是人生的一部分是非常困难的。

实践型在工作中遇到失败时，不会简单地承认自己的过错。即使明显失败了，他们或视而不见，或把失败看作部分成功，或进行诡辩，把责任推卸给他人。如果接下来又有了新的目标，他们会很快调整情绪，从上一次失败中站立起来，为了成功而勇敢向前。只要未来有希望，他们可以无视任何负面的东西。

推动陷入误区的实践型前进的动力是，他们想树立好的形象。由于一门心思想扮演受人注目的角色，他们不能认识内在的自己。如果在工作上未能获得预期的成绩及周围人的好评时，他们会感到现实的自己与追求的理想形象之间有落差。当落差大到再也不能视而不见的时候，他们会感到非常痛苦。

3.九型人格 4 号性格：浪漫型

一位浪漫型的自述：

许力，一位自由职业者，这样描述自己：我感到自己是个非常麻烦的人，稍有不顺，就想把自己封闭起来。在他人眼中，我是一个既快乐又好动的人，如果将这种想封闭自己的情绪表现出来，对方会感到十分意外。而且，明明想着维护自尊心，在与他人的交往中却时时失去自尊心。我非常厌恶伤害自己自尊心的人，在意识上远离对方。不过很多时候，对方的言行未必如我所讨厌的那么糟糕，对于我所表现出来的僵硬态度，对方自然会感到不可理解。

如果有人认为我与众不同，我就会立刻发挥自己的能力，就会感到人生的快乐。对自己来说，自我封闭是一种非常不好的状态，我会把防止这种状态当作一个工作目标来努力。

浪漫型为人生增添了紧凑而戏剧化的特质。他们是最终极的理想主义者，不但拒绝现世的一切，而且深受极端情绪和行动所吸引。他们似乎乐于活在边缘，而且在人生的所有层面追求不寻常、艺术性且富含意义的事物。那些别人可能会评判为"病态"的幻想，像死亡、苦难折磨、诞生，以及人们内心深处的感觉，在他们口中却是极具价值和真实性的。

表3-3　浪漫型的性格描述表

描述类别	特 征 描 述
基本描述	每个人与其他所有人和事都有一种深入彻底的联系。 人们经历了失去他们原始联系的痛苦，这令他们觉得自己被遗弃了，也使他们觉得自己错过了一些重要的东西。 学会去寻找一份理想的爱情，或者去寻找一个完完全全、彻彻底底的完美环境使自己感受到爱。对那些正在失去的东西既渴望又羡慕。
主要特征	注意力集中于：与过去、未来有关的积极和引人注目的事物；正在失去的、遥不可及的事物，它们是自己渴望又不可及的东西；从审美角度看，那些使人愉快、有意义而且能触动人心的事物。 把精力投入到：为那些自己没有的或正在失去的东西感到强烈的悲哀和渴望；寻找关爱，寻找价值，寻找自我表现和深入交往过程中的满足；将自己塑造成一个独特的人。 竭尽全力以免：被拒绝、被遗弃、被欺瞒或者让自己变得无关紧要，觉得自己不符合标准，觉得自己做错了什么，平凡，对人和事缺乏情感深度。 突出特征：敏感，有创造性，能调整情绪，能同情受难者，热情，有激情，浪漫的理想主义，富有人情味，真实，自省。
压力与愤怒	压力源：周围的人与自己的经历不符合自己的浪漫主义观念，或者不符合自己对激情的向往；所想多于所获；嫉妒别人拥有自己所没有的东西，嫉妒别人的工作；难以调整自己的情绪，尤其是情感危机。 愤怒源：使自己失望的人，抛弃自己的人，辜负自己的人；回想起自己过去遇到的某些人；被轻视、被拒绝、被遗弃；感到被误解；虚假与伪善。 愤怒形式：如火山喷发般的情感爆发或者哭泣；抑郁不安。

续表

描述类别	特　征　描　述
个人发展	人格发展的最终目的：认识到此时此刻我们正受到关爱，而且是完完全全、真真正正地被关爱；认识到一生之中人们之间都是彼此联系的。

浪漫型的特征分析如下：

一、渴望与众不同但又缺乏自尊心

浪漫型表现出高尚的趣味和优雅的姿态，他们大多具有神秘的迷人品格，让人信任。他们富于形象表现力，极富创造力的姿态给人以良好的刺激。浪漫型的审美观、高尚的趣味和优雅的姿态是他人所羡慕的，有助于提高周围的人文氛围。

浪漫型的"误区"是要避免平凡。因为自以为与众不同，所以在谈及自己的人生时，总想表现出如何与众不同。当被他人称作有个性时，浪漫型会喜形于色。即使在与朋友交往时，也会给人一种充满优越、高人一头的印象。他们认为周围的人难以理解自己，所以不愿让人了解内心世界。

浪漫型摆出一副优越的姿态，以及自以为别人难以理解自己，源于在孩提时代被父母抛弃的辛酸记忆。自认为所经历的痛苦和孤独感，他人绝不可能理解。这里所说的"被抛弃的记忆"，可能是因为某种原因而被父母寄放在亲戚家里一个晚上，或者是在人群中差一点迷了路之类。在其他类型看来，都是一些很难称得上是"被抛弃"的经验。

自以为优越和特殊的"误区",其实是自卑感的另一面。认识到自己渺小的浪漫型,自尊心是很低的。培养高尚的趣味、树立具有戏剧性的印象以及艺术性的表现等,都是为了恢复自尊心所做的扎扎实实的努力。稍稍碰到一点不顺心的事,他们就会有失落感,自尊心受伤害,进而闭门不出。为此,他们时刻有危机感,总想寻找人生的安全港。

另一方面,对于伤害自己自尊心的人,他们在思想上与其彻底决裂。但既不会不理睬对方、口出恶言,也不会进行报复,装作若无其事的样子与对方交往,而在内心里鄙视对方。

二、渴望感动,又多愁善感

浪漫型时常处于烦恼之中,他们富于同情心,和其他有烦恼的人能合得来,能了解他人微妙的情感。喜欢帮助有烦恼的人,直到对方完全摆脱烦恼的缠绕。

浪漫型渴望被感动,无论是喜、是怒、是哀、是乐,当他们强烈地感受到时,能体会到人生的意义。他们对生、死、性、深沉心理等方面都怀有深厚的兴趣,容易被对此进行挑战的人所吸引。另一方面,他们不喜欢表面的泛泛之交。

浪漫型容易陷入忧郁状态,常常后悔"当初要是不那么做就好了",把自己和外界隔绝开来。然而,他们不回避忧郁或暗淡的情感，而是将其看成一种自然的心理状态坦然地接受和理解。在浪漫型中，有一些人表现得过度活跃，以此来摆脱忧郁。但大多数人只是体会忧郁。对他们而言，体验忧郁才能探索人性的奥秘。也有不少人通过体验忧郁来逃避由失落感和苦恼而产生的压力。

三、不满足于现实，永无止境地追寻

对浪漫型来说，不论目前处于何种状况，他们都深信真正的人生还没有开始。哪怕已经成果丰硕、功成名就，他们的注意力仍然朝向生活中失落的、不完美部分，始终不满足于现状。如果从事自己感到有意义的工作，他们就想成为工作上的佼佼者，成了佼佼者后又想要得到爱情，得到爱情后又会去寻求孤独。他们认为现实既乏味又无价值，因而无法接受。

为了承受这个既乏味又无价值的现实，浪漫型离不开感情的起伏。不论好坏，只有体会到感情的起伏，才能感受到远远胜过舒适和幸福的真正的人生滋味，才能确认自己是与众不同的。在别人看来，浪漫型仿佛是在戏剧中的主人公。哪怕扮演的是饱受痛苦的角色，他们也会感到幸福，因为只有这样，才能摆脱平庸的人生，发挥自己的独特性。

相反，对人生的渴求，使他们嫉妒那些已经得到自己所追求的东西的人，认为别人得到的幸福，是自己梦寐以求而难以

得到的。

四、追寻失去的事物而陷于内心矛盾

浪漫型还可以根据他们所处的状态分为三种类型：时常处于低潮、时常处于活动过度状态，以及处于两者之间的状态。三者的共同点是都在寻找被夺走的宝贵的东西，只是探索的方向有所不同。

时常陷入低潮的浪漫型，会因为探寻内心丢失之物而把自己和外界隔绝开来。处于活动过度状态的浪漫型，则以完全相反的姿态对待工作和爱情。他们通过在周围寻找幸福，试图找到所追求的东西。在这两种状态之间的浪漫型，企盼在极度的感情起伏中找到所追寻的目标。他们不断地扮演悲剧的主人公，从中体会激烈的情感和戏剧性，有些人甚至表现出自我毁灭的倾向。

浪漫型中不少人同时做两种工作，一个是为了维持生计，一个是为了满足自己的浪漫愿望。他们深知仅仅靠物质生活是得不到满足的，总是想着物质世界以外的"另一个世界"。他们所向往的可能是理想主义的世界，也可能是神鬼的世界。他们容易被浪漫与不可思议的事物所吸引。当浪漫型的感性纯净到极致时，会看到超越现实的"心灵的世界"，这时，他们才体会到自己所追求的到底是什么。

第四章

思想组型：我最相信我的大脑

1. 九型人格 5 号性格：观察型

一位观察型的自述：

孙伟，中学一级教师，这样描述自己：我在初中、高中、大学时都参加了俱乐部活动，但表现得不太热衷，而是抱着冷静的态度，我在无意识中置身于边缘。工作后，当发现自己的意见不为对方理解和接受时，就会闭口不谈或干脆离开。如此反复多次。现在回想起来，我不是想方设法从正面去解决问题，而总是想避开难题。

我喜欢一个人独处，尤其喜欢看书。这时候如果旁边有人搭腔，会感到不耐烦。我也不善于温和地和人搭讪，认为感情交流没什么意义，所以周围的人都认为我是个冷酷的人。学习九型人格理论之后，我才知道我这种类型的人总是远离情感。同时也懂得了试图凭头脑来解决一切问题，不是一种正常的生活方式。

观察型具有退缩、聪明、专注、安静、客观的倾向，他们不表露情感、博学多闻，内向而自给自足。他们属于恐惧型，以疏远冷漠而非害怕来展现自我。他们大多精通心智的分析，常说自己是"染上资讯毒瘾的人"。他们喜欢事实和系统，可能兴趣广泛，或是将聪明才智投注在这世间只有少数人才明白的神秘事物上。

表4-1 观察型的性格描述表

描述类别	特征描述
基本描述	每个人都需要大量的知识与精神来武装自己。 这个世界对人要求太多而给予太少。 学会不去理睬冒昧的要求，不让自己被私人的、过于自信的事情弄得筋疲力尽；为了做到这些，压抑自己的期望与需要，并积累了大量的知识；有时会产生贪婪的念头。
主要特征	注意力集中于：智力领域，事实，分析和思维划分，对自己的要求与干扰。 把精力投入到：从旁观者的角度去观察、学习关于某个事物的方方面面；前瞻性地思考和分析；简化情绪；独立自主；节俭；保持足够的个人空间。 竭尽全力以免：强烈的情绪，尤其是害怕的感觉；打扰、要求别人或周围的事物；无能与无知的感觉。 突出特征：有学者风度，博学多识；有思想，临危不乱，受人尊敬；有责任感，可信任，简单朴实。
压力与愤怒	压力源：未能保持足够的个人空间；疲乏；由于自己的期望、需求与要求而产生依赖性；尝试在行动之前学习必须了解的一切。 愤怒源：别人认为自己确实不对；被要求或侵扰；超负荷的情感付出；没有机会让自己有足够的时间去恢复精力。 愤怒形式：沉默寡言，报复，紧张，非难，发一会儿脾气。
个人发展	人格发展的最终目的：认识到我们周围有足够的、自然的补给能满足生活的需要；认识到生活中的忙碌不会耗尽我们的资源与精力。

观察型的特征分析如下：

一、富于智慧，冷静思考

观察型因为具有与自己的感情保持适当距离的才能，总是能冷静地考虑问题。即使面临压力，思考能力也不会下降，能够对事物准确地做出判断。他们理解力强，能够洞悉他人言语背后的深意和各种事情的真相。观察型的魅力不仅表现在语言，他们还擅长以动作和表情等来表现爱。

观察型有责任感，忠于职守，安于本分，非但不会侵犯他人，反而会给对方合适的建议。他们不喜欢评论他人，对于对方的错误，会用委婉的方式予以指出，这是考虑问题比较深的表现。他们外表文静，却常会用与其外表迥异的幽默，来调和周围的气氛。

观察型有回避空虚的"误区"，把自己的空虚归罪于周围人的浅薄。他们远离人们，以自己的眼光观察现实，形成自己的想法，并试图自圆其说。

二、喜好孤独，与情感保持距离

对观察型来说，自己的判断力和思考力会因为周围人的影响受到干扰，这种状态很不好。他们不善于在别人面前表现真正的自我，喜欢一人独处。他们喜欢独处，在空想中遨游，整理心中杂事，反观自身。

孩提时代的观察型，由于有缺乏家庭温暖的寂寞，或事事遭到干涉的郁闷，品尝过感情饥渴和不安，因此总想回避涉及感情的事情。对他们来说，躲避感情的最好方法就是不要直接面对内心。久而久之，即使和想敲开自己心扉的人交往，也能不为所动。

在人际关系上，观察型具有如下非常特殊的习性。

首先是消极与孤独癖。在试图扭转不利局面时，当有人不按章法乱来时，他们不会去改变对方，自身也不做任何反应。然而，不反应仅在与对方接触时。他们将与对方接触时获知的信息带回家，单独分析。他们认为避免卷入感情纠纷的最好方法是无所求。

但是，他们并没有意识到自己不重感情，当听到周围人说自己没有激情时，会感到很意外。他们一点也没有觉察到自己有这种特性。

在周围人的眼中，观察型好像很寂寞，很孤立。但他们却认为人最有活力的时候，就是一人独处之际。在闲暇时间里，他们脑海里充满了快乐的空想和有趣的问题。除非在极其孤独的状态，他们与寂寞、消沉无缘。即使独处，也不会感到无聊。

三、通过理解一切而表现出与众不同

观察型通过避免与人产生过深的关系而确立自我价值。当

不得不在人群中周旋时，他们倾向于泛泛之交。喜欢在不同的生活中拥有不同的朋友和兴趣。对他们而言，把生活分成几个不同的部分是一种智慧，可以维护自己、避免过于暴露私生活。观察型和对方稍稍接触就能得到许多信息，所以泛泛之交就足够了。比起涉及自己内心世界的话题来，他们更喜欢讨论各自的爱好、讨论彼此感兴趣的话题，或者以别人为话题。他们总喜欢扮演旁观者，如果这一能力得到发展的话，观察型会显得长于社交。

他们还喜欢学习心理学、占星术等方面的知识，这些学问能把人的各种纷繁复杂的特性整理得井井有条。正因为如此，观察型对九型人格理论表现出强烈的兴趣。观察型不喜欢和人深交、陷入复杂的人际关系，他们选择用头脑来理解情感。只要理解情感，就可以既避免卷入其中，又能轻松地讨论关于人们内心世界的话题。观察型通过这种方法来回避与他人深交。

四、热衷于知识，不谙人事

观察型在做某件事前，总是设法搜集所有的信息，以便能及时应变。一旦发生预料之外的事情，观察型会措手不及。只要发生的事不超出预想的范畴，他们一般都能比较冷静地处理。事前知道在会议等场合该说什么、说几个小时，这对观察型来说非常重要。只要事前了解发言的主题和时间长短、做好充分准备，他们就能表现得很出色。在这个意义上，他们往往被认为具有社交能力，但前提是必须事先打好腹稿。观察型喜欢以这种保持自我的方式与别人交往。

观察型的另一个特色是独立性强，不会刻意去博取他人的好感。他们喜欢自由的处境，尤其是经济上的独立。这首先是因为害怕空虚，认为过强的物质欲望容易加深内心的空虚。因此，他们的自立是以淡泊于金钱和物质的"清贫思想"为基础的。其次，他们不愿意因过分依靠别人而导致他人侵入和扰乱自己的内心世界。所以，观察型给人的印象往往是省吃俭用、还有点小气。他们认为，金钱能用来保护个人隐私、获得良好环境和自由支配的时间，除此之外，不愿付出更多。

相反，观察型不惜付出时间和精力来充实自我。孜孜以求的既不是人也不是物，而是知识。对于他们，唯有知识才能填补空虚。这一点和他们试图预知未来、对系统探索人性复杂性的学问感兴趣有关，也是他们敏锐的观察能力的源泉。

2. 九型人格 6 号性格：忠诚型

一位忠诚型的自述：

吴涛，公司分管生产的副经理，这样描述自己：虽然我也想当个公司负责人，但更想当个副手。因为一旦当上第一把手，必须承担相应的责任，而想到能否完成便会感到不安，进而产生恐惧症。

此外，我个人主见不强，当被问及自己的意见时，不能马上说出来。这并不是说我没有个人意见，而是犹豫所致。不过，到自己必须做的时候，就会认真准备，能够毫不犹豫地发表自己的意见。

对我来说，最重要的事情莫过于恪尽职守。为达到这个目标，接受了力所不能的工作，责令部下完成。因为过分看重组织的期待，忽略了基于现实而做出的自我判断的重要性。如果工作如期进展，我会感到安心。与人约会时，为了防止万一，我会提前赴约。提前到达约会地后，我喜欢找个地方坐下来，慢慢地喝上一杯咖啡。

忠诚型通常是忠诚、勤奋、可靠、谨慎，而且富有想象力的思想者。他们身为团体一员的时候比当领袖的时候多，虽然如此。他们把自己放在高处，为那些被践踏和受到不公平对待的人们代言。忠诚型不信任权威，也避免去服从权威人士，有些忠诚型则对他们无须质疑的权威，主动探求其是否牢靠。

表4-2　忠诚型的性格描述表

描述类别	特 征 描 述
基本描述	最初我们都信任自己、别人，还有整个世界。 世界是危险的、有威胁的，人们不能相信别人。 病态性的恐惧姿态：尽管自己害怕、怀疑，但是由此学会了警惕与质疑；服从权威；躲避察觉到的威胁与危险，获得安全以及避免冒险。非病态性的恐惧姿态：虽然自己害怕、怀疑，但是由此学会了警惕与质疑、挑战权威，与察觉到的威胁和危险作斗争，挑战安全感，面对风险。
主要特征	注意力集中于：危险的或者可能出错的东西；潜在的有缺陷、有困难、不合理的事物；暗示、推论以及隐藏的含意。 把精力投入到：怀疑、检验及寻找双方面的讯息；通过逻辑分析来断定事物；扮演唱反调的人，对权威既肯定又否定；展露实力；通过从别人那里获得友好来赢得安全感，讲信誉，专心致力于有价值的事业。 竭尽全力以免：在面对危险与伤害的时候显得无助或者无法控制；向危险与伤害低头；陷入怀疑与反面的观点；通过反驳或否定疏远自己信赖的人。 突出特征：可信赖，忠心，慎重，好问，热心，坚定不移，负责，可以提供保护，有直觉力，机智，敏感。

续表

描述类别	特征描述
压力与愤怒	压力源：给自己施加压力，即努力应付不确定与不安全的事物；对于权威的困惑，既可能过分地服从又可能完全反叛；当自己对别人产生猜疑和矛盾情绪时，仍然设法保持对他们的信任和友善。 愤怒源：言而无信，背信弃义；被逼到绝路，受控制或者受压迫；与要求太多的人交往；别人对自己不负责。 愤怒形式：反应机敏，讽刺挖苦，矫情，谴责，防御性的抨击。
个人发展	人格发展的最终目的：认识到信任自己与别人是很自然的，认识到我们可以没有猜忌地拥抱生活。

忠诚型的特征分析如下：

一、由怀疑权力而产生的两面性

忠诚型对权力总是持怀疑态度，内心隐藏着恐惧。因此，总是不断在寻求安全。他们的误区表现为两种截然不同的类型：一种是恐惧型，另一种是对抗恐惧型。偏向于恐惧型的忠诚型显得疑心重重，看起来十分害怕。他们遇到任何场面都不知所措，总是试图以分析来取代行动。对矛盾、怀疑等不利于自己的否定性因素特别敏感，却不善于采取行动。为了获得安全，他们往往寻求拥有权力的人，对他们效忠。

相反，对抗恐惧型的忠诚型，往往以挺身克服恐惧来寻求安全。比如，当受到暴力威胁而感到害怕时，就会去学功夫，成为所向无敌的强手。他们往往同情弱者或遇到困难的人，甚至主动去帮助弱势的一方。对他们而言，重要的不是谁强谁弱，重要的是谁敌谁友。一旦认准了敌友，他们会为朋友两肋插刀。

二、洞察他人内心，事事寻求公正

很多忠诚型在儿童时期受到"难以信赖的"父母的粗暴对待，认为有必要认清父母的行为。由于父母在教育孩子上没有一贯的方针，所以孩子必须学会仔细观察并预先觉察到威胁。这样，忠诚型养成了觉察他人内心的能力。同时，他们也常常对他人抱有疑心。

一方面对权力者抱有不信任感，另一方面对能保护自己，使自己摆脱恐惧的权力者特别依赖。相反，对于攻击自己弱点的权力者却十分反感。他们的这两种态度表现为服从能照顾自己的企业或保护者，但对权力通常具有的阴暗面持有高度的警惕或反抗态度。这和忠诚型"对权力的怀疑"互为表里。

忠诚型认为自己所有的诺言都必须一一执行，无论发生何种变化，他们都会固守诺言。对忠诚型来说，最重要的诺言就是法律。由于过分拘泥于法律条文，他们往往给人以官僚主义者、死脑筋的印象。

忠诚型自认为能透过表面看清事物的真相。由于害怕被人利用，他们时时谨防花言巧语，对温柔的对手更是警觉。他们总是仔细观察对方，试图摸透对方的心思、巧妙地指出对方的矛盾之处。

三、不关心自己的内心状态，缺乏行动力

忠诚型虽然擅长洞察他人的内心，却不了解自己的内心世界。他们的注意力是朝向外部世界的。当感受到威胁时，这种倾向会更加明显。他们往往把自身受到的威胁归因于他人的恶意。

忠诚型不善于用语言来表达感受，在不得不表达时，往往缺乏逻辑并带有攻击性。他们生怕由此而破坏人际关系，即使对自己讨厌的人，也会表现得温文尔雅，言听计从。

另一方面，忠诚型因为害怕按照自己的意志行事，所以大多缺乏行动实施的能力。例如，当他们想要实行某项计划时，内心会同时出现两个声音："这是个绝好的主意"，"但是，真的能行吗？"结果拖拖拉拉，总是光想不做。之所以这样，是因为确信有失败的危险性，同时又害怕一旦成功会遭到他人嫉妒及恶意的伤害。

当然，忠诚型并没有意识到自己在拖延。他们觉得这是行动之前必不可少的准备，认为做任何事都必须事先倾听正反两方面的意见。在周围的人眼中，他们太多虑了。而忠诚型却认为没有正确的意见就难以驳倒反对意见。认为透彻的分析能力比行动能力重要得多，所以工作往往一拖再拖，有些计划甚至半途而废。

四、充满想象力，消极地看世界

忠诚型的上述特点使他们具有丰富的想象力。但是，这往往来自对社会的受害妄想。这种消极的想象力总是使他们设想最坏的结果，根本不愿去想好的一面，就确信"最糟糕的事将要发生"。他们认为，只看光明的一面是幼稚的、缺乏现实性的。当然，光靠乐观的态度是无法把握现实世界的，所以忠诚型的这种特性有助于保持社会的健全。

一个总是想象最糟糕事情的悲观论者是难以体验快乐的。忠诚型在制定计划时能够描绘美好的未来，但最后终究会拒绝娱乐和享受，他们中的很多人相信"先甜后苦"。

这种"受害妄想"在恐惧型表现得尤其明显。其实，即使是挺身面对危险的对抗恐惧型，也很容易因想象最坏的情形而受伤害。他们只有在被逼到墙角、不得不起来抵抗时才会以行动来攻击对方。

意外的是，多数忠诚型并不认为他们比一般人更胆小，因为不安、恐惧已经成为他们的一种慢性症状。等他们觉察到自己的恐惧时，恐惧大多已经消失了。

3. 九型人格 7 号性格：享乐型

一位享乐型的自述：

郝强，机关工作人员，这样描述自己：我以前认为享乐型属于思考中枢的人，不会感情用事。因此当九型人格理论说享乐型要注意控制自己的感情时，最初不能理解其中的道理。但是，回顾以往，当工作不顺利，一无所得的时候，自己会感情用事地指责对方。我如果不改掉这个毛病，自己就难以成为领导，成为一个胸襟开阔的人。

我也发现自己有性情不专一的毛病。如果对什么发生兴趣，会立即去尝试，但过不了多久，兴趣又转移到别的事情了。大概是老待在一个地方感到痛苦吧。记得小时候，老师在家庭联络簿上写过好几次"好表现！"自己在体育、学习、吉他等方面都还过得去，但是不专一，所以很难成为某个方面的专家。究其原因，自己讨厌扎扎实实、按部就班地做一件事，喜欢做引人注目的事、有趣的事、不断变化的事。

享乐型是九型人格论中永远的乐观派，属于反向表现恐惧的恐惧型。他们充满欢乐、精力充沛、迷人、合群而富有想象。他们虽是工作狂，却由于同时拥有众多兴趣，且无法承受痛苦，而难以完成方案。相较于某些较为严肃的类型，他们显得比较肤浅。

表4-3　享乐型的性格描述表

描述类别	特 征 描 述
基本描述	生活就是由各种随意体验的可能事物编织而成的。 世界限制了人们，让他们遭受挫折，也给他们带来烦恼。 通过参与愉快的活动，通过想象未来可能发生的美妙事物，学会让自己摆脱限制与烦恼，热衷于有趣的想法和经历。
主要特征	注意力集中于：有趣的、令人快乐的、奇妙的想法，计划，选择，方案；不同领域信息与知识之间的相互关联；所有自己想要的。 把精力投入到：尽可能地体验和享受生活；坚持自由选择，保持乐观态度；活跃的想象力；受大家喜欢（讨人喜欢、让人放心）；维持特权地位。 竭尽全力以免：挫败；约束及限制；让人烦恼的处境或者让人心烦的感觉；无聊。 突出特征：有幽默感，富有独创性，让人快乐、乐观，精力充沛，热爱生活，有眼光，热心，能帮助别人，有想象力。
压力与愤怒	压力源：处理过重的负担，它源自于自己对体验生活的执著；为了避免痛苦自己反复地犯同样的错误；许诺后又觉得自己受了骗。 愤怒源：约束与限制，它们妨碍得到自己想要的东西；遇到经常不高兴的人、心情忧郁的人，以及那些喜欢指责别人的人。 愤怒形式：简明扼要，短暂的，偶尔的，猛烈的。
个人发展	人格发展的最终目的：认识到要想充分地体验生活就必须立即关注人的存在，我们应该通过培养存在意识去支持自己与别人。

享乐型的特征分析如下：

一、天生的乐天派，试图远离痛苦

富有创造热情和进取精神的享乐型，在单位里，以点子多和人际关系好而十分活跃。因为他们关注事物的积极面，能够提出新计划，鼓舞周围人的干劲，创造出轻松愉快的工作气氛。

享乐型善于发现人生的快乐，即使陷入苦恼，也会苦中求乐。他们总是追求快乐，哪怕没有回报，只要能感受到快乐，就会投入满腔热情。只要精神状态良好，喜欢见到的每一个人，希望给每个人都带来幸福。

此外，享乐型还善于逻辑分析，从一个法则中推导出新概念，从互相对立的概念中找出共同点。他们常常根据理论逻辑，提出具有独创性的建议。但是，享乐型的这种长处也是避苦求乐的"误区"的产物。

二、计划一个接一个，逃避痛苦

享乐型不论在工作上，还是在私生活上，都有很多快乐的计划，而且喜欢多项同时进行，不喜欢专心做一件事。

看上去，享乐型所做的事东一件，西一件，互不相关。但对他们来说，互相之间都是有联系的。倘若做很多有趣的事，能量固然会不断激发，但做得太多，也会把自己搞得很疲惫，享乐型都有这一体验。

因为每天都过得很充实，他们与意气消沉无缘。重要的是保持轻松愉快，在感到疲劳、压力、百无聊赖之前，要着手干另一件事。享乐型喜欢同时做三四件事，只要有趣，干多长时间都不在乎。对于周围有趣的事，他们都会参与，准备了很多选择的可能性。而长时间地盯着一件事做，无异于扼杀了自己无限的可能性。

享乐型所追求的事物具有强烈的刺激性。他们渴望兴奋，喜欢冒险和思想上的碰撞。从根本来说，这些行为是享乐型寻求知识和创造性的原动力，而其目的则是要"逃避痛苦"。做快乐的事，可以忘却痛苦。很多时候，人们认为这是享乐型的优点，但如果总是逃避痛苦，意味着无法从痛苦和挫折中学到很多东西。

三、追求自我完美，忽略他人情感

享乐型有薄情的一面，即使和别人在一起，关注的也不是对方，而是"让自己度过的时光更快乐"。他们喜欢与众人同享快乐，不喜欢与一个人深交。但这种追求快乐时光的热情，易使对方误以为是对自己的感情，对享乐型产生过多的期待。享乐型容易给人以"不专一"、"撒谎"的印象。

他们精力充沛，总想参与竞争，获得胜利。享乐型喜欢与人比较，经常自问自答："我到底排名第几？"这种嗜好是他们不断向上的源泉，能够提高其客观看待人事的能力。但是，他们给自己的答案总是"排名第一"。

不过，享乐型想参与的竞争，一定都是有趣的事。他们不想以胜利获取权力，而是希望被视为"了不起"。如果处于需要承担责任的位置上，他们不愿因此失去生活中的众多乐趣。要是因为升迁而被束缚，或者感到有与众人对立的危险，他们的上进心会顿然减退。

四、自恋自爱的乐观主义者

具有自恋倾向的享乐型，认为"自己是全能的"。他们不喜欢"干这一行，三十年了"之类专业上的赞誉，希望自己是"工作、交友、烹饪、绘画等等，无所不能"的全才。他们自信"人们只有一个独特的才能，而我可是样样通"，并且，做到这些无需下苦功夫，自己的未来充满无限的可能性，没有全力以赴的必要。

为了验证这种强烈的自信，享乐型喜欢与肯定自己价值的人交往。当自己的能力得不到认可时，他们会把原因推给别人，寻找借口，认为即使碰到一件坏事，也不必过于在意，因为还有其他很多乐趣。

这是因为他们是极度的乐观主义者。他们对孩提时代充满了快乐的回忆，本能地压抑不好的回忆。悲伤和辛酸的事都是不自然的，他们不愿回首。由于这些心理意识的作用，他们确信自己的人生一帆风顺，有朝一日，一定会取得巨大的成功。

具有上述性格特征的享乐型，如果其周围各种烦心之事不断，屡受批评，他们的态度就会朝着乐观主义和开朗相反的方向转变。对于自己"厌恶"的事情不加掩饰，以批判的眼光审视周围，老盯着别人的缺点。一向不愿正视挫折、痛苦的享乐型，一旦陷入逆境，很难找到摆脱困境的方法。

乐观主义的思考方式是享乐型创造力的源泉，是打破僵化的力量。但是，不愿面对痛苦，不预想坏的结果，则是享乐型的最大的弱点。

第五章

行动组型：我只关心看得到的东西

1.九型人格8号性格：指导型

一位指导型的自述：

李贤，健身教练，这样描述自己：回想以往的人生道路，就是努力使人们承认自己强大、优秀和卓越不凡。为了逞强，我总是显出一副很能干的样子。

从小运动神经就比较发达，在短跑比赛等方面名列前茅，为此而自豪。如果发现自己优于他人的地方，总是将其挂在嘴边。为让人承认自己强，不断有朋友离我而去。过了青春期后，对异性不是表现出温柔，而是展示如何强大有力。学生时代，常常骑摩托车，对有同样爱好的朋友喜欢说"我以时速多少公里拐弯"、"最高时速多少"等。

学了九型人格理论之后，再回顾过去，才发现自己在与人聊天的时候，大部分都在炫耀自己如何强，如何优越，对于来商量事的朋友，很少为对方着想。回想自己逞强好胜的"误区"，真是感到难以置信地吃惊。

指导型经常是精力充沛、情感强烈、专横霸道、叛逆、保护者、独断独行、一不做二不休的人。他们工作卖力，玩乐也卖力，乐于承办任何他们所参与的事业，从策划一场旅行到经营酒吧，甚至主持国际性的商业餐会。

表5-1　指导型的性格描述表

描述类别	特　征　描　述
基本描述	每个人起初都是天真无邪的，他们都能分辨是非。 这是一个让人费解的、不公平的世界，强权者在利用人们的天真无邪。 为了保护自己和他人，也为了获得他人的尊重，通过自己的真诚和隐藏自己的弱点让自己变得强大有力。
主要特征	注意力集中于：权力与控制，公正与不公正，欺骗与操纵，极端的两面以及需要立即采取行动的任何事物。 把精力投入到：控制并统治所有在自己接触范围内的人和物；采取直接行动，面对冲突；保护弱者和天真的人；因为强大和公平而赢得尊重。 竭尽全力以免：柔弱，有弱点；不可靠，或者有依赖性；自己敬重的人不再关注自己。 突出特征：勇敢无畏，持之以恒，公正，果断，能提供保护，热情，友善，宽宏大量，有激发别人的能力。
压力与愤怒	压力源：不能纠正发现的不公正；不得不容忍与自己对立的风格，而且这种风格是让人难以忍受的；全力以赴而且还要否认疲劳与苦恼。 愤怒源：欺骗，被操纵，言而无信的人；别人不理睬自己，或者看见他们不能恪尽职守；不公平的规则或界线，让人备感拘束的规则或界线；试图控制自己。 愤怒形式：直接表露强烈的愤怒，表现出与平时不同的风格；丢盔弃甲；报复。
个人发展	人格发展的最终目的：认识到我们生来都是天真无邪的，我们生来就能够明辨是非；认识到只要站在一个全新的角度并抛开个人偏见就可以看到真相。

指导型的特征分析如下：

一、追求权力和支配，掩饰自我虚弱

指导型是非常强硬的人，随时准备与他人斗争，认为揭发他人不正当的行为和伪善行为是自己的使命。厌恶明哲保身的处世态度，诚实而又开朗的性格使他们可以和任何人推心置腹。他们不畏艰难，敢于负责，是值得信赖的领导。他们也善于向周围的人表明立场。对于值得信赖的人，不惜花费时间和超常的精力。

指导型的"误区"是权力欲和支配欲，并有隐藏自己弱点的倾向。他们强烈期望当领导，当别人服从自己时才感到安全。把自己看成保护者，挺身保护弱者，对抗一切不公正。对权力的渴求是指导型成就大事业的力量源泉。

指导型在儿童时期经历过许多争斗，很早就形成了强者受尊敬、弱者遭轻视的价值观。他们由于害怕成为弱者而学会了保护自己的方法，也能敏感地察觉到他人的敌意。

对他们来说人生就是角力场，他们最大的愿望就是当上首领。最关心如何建立势力范围，想控制有可能影响自己生活的一切人和事。认为有义务对周围人的虚伪和不法行为保持警惕并将其公之于众。

指导型对别人操纵权力和行使主导权十分警惕。认为对那些自以为是的家伙就应该毫不留情。他们讨厌为他人所左右，希望把他人的影响降低到最小限度，总想了解有关周围人的一切，以便排除未知因素，把握局势。

二、通过与人争斗，实现自我目标

人们很少从指导型的脸上看到温柔的表情，他们往往给人可怕的印象。即使对自己喜欢的人也不是通过柔和的语言，而是以行动保护对方来表达自己的情感。他们认为支撑爱情的是责任，爱情就是保护对方，给对方提供安全。他们觉得别人都很脆弱，容易上当受骗。

指导型容易和人对抗，不过其中有许多是爱的表现，试图通过对抗来摸透对方的心思。他们认为这样能看清事实，所以以吵架的方式来表达想和对方亲近的愿望。

指导型很关心对抗是否公平，欣赏那些受到攻击也不肯轻易改变意见的人，看不起逃避对抗的妥协分子。对他们而言，对抗是一种享受，而且更喜欢与势均力敌的对手对抗，不喜欢轻易获胜。面对强敌时，他们会感到力量倍增，这是他们了解事物真相的力量源泉，也是达到目标必不可少的条件。对于他们，公平的争斗是没有胜负的，赢了可以制服对方，固然值得高兴。即使输了，也因为对手公正强大而感到值得尊敬。

三、嫉恶如仇，崇尚正义

指导型对权力保持高度警惕，所以如此，是害怕自己成为不公正权力的一分子。他们一进入新环境，立刻就能判断出谁拥有何种权限和权力。其次，会判断这个人是否公正，有多大能耐。通常会抓住对方的弱点，观察反应。因为他们能一眼发现别人的弱点，总是设法向对方的弱处进攻。

指导型对于暧昧、缺乏一贯性、指挥系统混乱十分敏感。喜欢"非黑即白"的态度。

指导型喜欢处于领导、支配地位，周围处于服从地位，这样才觉得安全。因此，常常打破他人加在自己身上的规则，来表现强大。他们讨厌行动受到限制，既想拥有建立规则的权力，也想拥有打破规则的权力，所以常常自相矛盾，要求别人遵守规则，自己却频频违反规则。

盛气凌人的指导型决不放过哪怕是小小的错误，害怕细小的疏忽导致事态恶化。他们往往出人意料地发现细小的失误。对什么事都想洞察纤毫的指导型来说，正因为如此，所以不可原谅。但别人却无法理解他们为什么这样生气。

四、对自己内心的愿望浑然不觉

指导型的一言一行都是光明正大的，他们会直截了当地告诉别人自己希望得到什么。可是，因为不愿意正视自己的内心，所以不善于表达真正的愿望。他们时刻关注外部世界，捍卫正义、寻找攻击对象，是因为害怕审视内心，担心发现自己和他人一样卑怯、脆弱。他们认为自我质疑、探寻自己真正的愿望是一种妥协，所以从不对自己提出怀疑。

他们似乎总是在寻求发怒的对象，只要一发火，就不会怀疑自己懦弱，或不会被所信赖的人背叛，他们的恐惧就会立即消失，一瞬间变得强大无比。指导型最大的特征是不加掩饰地表达愤怒，为自己直言不讳的态度而自豪。但是，如果因发怒而失去朋友，又会陷入自我厌恶。他们认为，自己的坚强理应受到尊敬，如果适得其反，他们会十分惊慌。

指导型的另一个误区是易走极端，往往过分依赖性、药物、酒精等，有自我毁灭的倾向，喜欢彻夜狂欢，不玩到东倒西歪不肯罢休，借此来逃避无聊。但是，过分寻求刺激，反过来又削弱了审视自己内心世界的能力，虽然从消耗精力中感到充实，实际上是为了麻痹自己。

2. 九型人格 9 号性格：调停型

一位调停型的自述：

杨曼，一位服装设计师，这样描述自己：回顾自己的人生，与其说是按照明确的信念和意志生活，不如说是在极力避免与周围的人发生矛盾纠纷。我的意思不是说寻求妥协，而是指把与人和谐相处放在第一位。干任何事，总是缺乏朝着目标锲而不舍的精神。即使一直很顺利，在面临成功时，总会功亏一篑。

此外，与理性和知性相比，我很容易受感情左右。如果有人恳切地要求帮助，我就会把自己的事情搁置一旁，先干别人的事情。我做事情缺乏战略上的先见之明，到了节骨眼上，才会慢腾腾地开始应对，认为凡事不可强求，应该顺其自然，该怎么样，就怎么样，不管是什么结果，都不会有太大的差异。

调停型通常是温暖、友善、忍耐、随和、不好竞争，以及
爱说话的。他们偏好和平、有组织、可预期而舒适的生活，而
且他们喜欢配合这样的环境。他们发觉很难知道自己的优先顺
位，会跟随别人所希望的去做，有时候甚至模仿别人说话的腔
调、用词，以及肢体语言。

表5-2　调停型的性格描述表

描述类别	特　征　描　述
基本描述	每个人都应该平等地相处，应该平等地无条件地相爱。 世界并不因你是谁而另眼相看，它要求人们相互协调以体验舒适感和归属感。 学会忘记自我，与别人打成一片；学会避重就轻。
主要特征	注意力集中于：别人的议程、要求和需要；周围任何能吸引自己注意力的事物。 把精力投入到：注意他人的感受并极力使他们快乐；维持舒适、自在的生活；循规蹈矩，这样生活就可以在掌握之中；保持对人和善、心情平静；抑制愤怒；避重就轻。 竭尽全力以免：冲突、对立、不舒服的感觉；需要投入很大注意力与精力的要求。 突出特征：关注别人，有同情心，乐于助人，有责任心，坚定，适应性强，能被别人接受，能接纳别人，关心别人。
压力与愤怒	压力源：表明立场；拒绝别人，遇到令自己气恼的人；不得不及时地做出决定，不得不排出先后次序；做出自己不想做出的承诺。 愤怒源：别人不重视自己；觉得自己被别人控制；被迫面对冲突。 愤怒形式：被动的攻击；表现出倔强和抵抗；偶尔发怒和情感爆发。
个人发展	人格发展的最终目的：认识到人与人之间的关爱是无条件的、平等的；认识到我们的价值和幸福来自于我们自身。

调停型的特征分析如下：

一、为避免冲突而优柔寡断

就贯彻自己的信念主张和人际关系的和谐而言，调停型更重视后者。不管对方有什么烦恼，他们都会耐心倾听，并表示很能理解对方的难处。对于把自己的意见强加于人、发挥影响力等没有兴趣。能不带偏见包容他人，知道他人人生中什么是最为重要的。能够一下知道对方想做什么，往往把他人的愿望放在第一位，将自己的意见放在次要位置。他们做事慢条斯理，言语温和亲切，让周围的人感到放心。

如果遇到意见对立，他们会听取双方的意见，让双方平心静气地坐下来慢慢说。为了公平合理地解决矛盾，他们愿意耐心地进行调停。

调停型在孩提时代大多有过孤立无援的经历，认为谁也不重视自己所关心的事情，自己的要求微不足道。因而有意识地回避并逐渐淡忘自身真正的需要。

由于这种习性，调停型不善于分别事情的轻重缓急，即使有些事必须马上做，他们也会优先去做一些无关紧要的事。只要有时间，他们是不会急着去完成的。

二、努力迎合他人的意见

调停型不善于为自己而争斗，尽管他们可以像仲裁者般为别人奋战，或确保某一方并未受到忽略。他们发现每当触及个人事物时，他们就难以知道自己的想法或感觉。他们用倔强顽固或不采取行动的态度，被动地表达愤怒，或是隔了一段时间突然情绪爆发，然而他们却无法确定真正的源头来自何处。

能够忘却自己的调停型，很容易迎合他人意见，把他人的事当成自己的来做。当决定是否要做一件新的事情时，他们犹豫不决，结果往往随大流。如果干了一半，发现不对劲，也不会说一个"不"字。

因为容易接受对方的观点，不管何人，他们都会看到其优点。由于什么事都有正反两面，所以他们难以决定自己的态度。因为能够急他人所急，调停型知道有些时候必须自己做决定。当遇到压力的时候，他们会决定接受对方的意见或加以拒绝。拒绝的时候，他们不做任何反应，而是被动等待问题解决。因为，如果明白表示意见，担心受到别人的蔑视和批判，不表示意见是最安全的做法。遇到两难选择的时候，调停型对双方都表示理解，更加无法决定立场，心想不管自己怎么说，双方都听不进去，于是尽量不作声。

三、一旦决定便难更改

调停型也是最顽固的一个类型。尽管他们迟迟不做决定，旁人谁也奈何不了。越向他们施压，他们越顽固，越不表态。认为这是对别人不理解和不倾听自己意见的一种抗议。在必须决断又难以决断的时候，调停型会做出"表面迎合"的"决断"。

一旦做出决断，调停型就会顽固地坚持不变。这不是因为坚信决定正确，而是因为原本就不愿意做决定，只是迫于周围的压力，而不得不为之。出于对自己的怯懦的不满，他们表现出一副强硬的样子。由此不难看到，调停型虽然同意任何意见，却不愿涉足其中，这种性格特征使他们适合担当公平的仲裁者和调停型的角色。

调停型迟迟难作决定的另一个原因是出于"对付出的恐惧"，他们获得的总比付出要多。他们清楚地记着往事，拘泥于过去，对于目前的情况反而不大在意。其表现之一就是喜欢收集，从古董到玩具，他们都收集。尽管说不上很重要，但使他们感到充实。他们有放着重要事情不做，去干一些无关紧要的事情的倾向。吃零食、长时间看电视、看书……即便是孜孜不倦的嗜好，实际上对他们也不重要，正因为不重要，才有魅力。

调停型喜好收藏、不愿扔东西、分不清轻重缓急等，都说明他们不懂选择。因为心中有许多没有决定、没有处理好的事情，他们很难改变自己，换一种生活方式，只想按照以往的惯性来行动。

调停型不能充分认识自己能力的"误区"，是由于怠惰。他们不喜欢内心出现矛盾，很少有学习新知识、新技术的上进心，因为新东西总会给人带来内心的不平静。此外，由于在工作上没有明确的目标，不能朝一个方向坚持不懈地走下去。生活上也没有刻意追求，一切顺其自然。为了消解做决断的不安，最好就是养成一以贯之的生活习惯。什么也不想，也不操心，按照"惰性"来做事就行了。

但是，如果工作没有明确的目标，很容易养成懒惰的习惯。在调停型中，很多人喜欢靠在沙发上优哉游哉的生活方式，有些人还通过对药物或酒的依赖，试图忘记自我。只要养成了习惯，人生什么重要，什么不重要，没有考虑的必要。

四、克己待人

调停型通常非常主动，具有众多兴趣和嗜好，把相当可观的精力投注在他们的工作上。他们较喜欢与人为伍，可以为了别人而发挥最具生产力的工作成效。他们在社会上显现出退让而圆熟的状态，但是他们具有许多潜伏的能量，摇摆于高度的活动力和精力枯竭、昏沉怠惰之间。

调停型虽然性情温和，也有发火的时候。他们发火的时候，是郁积在心中的怒火到了无法忍耐的极限。表现出一副顽固僵硬的姿态，甩手不干，是愤怒的间接表现。出于同样的理由，他们也会逼着对方先发火。他们了解人的愿望，可以用消极的方式，让对方感到烦躁，进而发怒。

当心中郁积了怒火的时候，调停型就一定不会顺着对方。他们很少发怒，在直接发泄后，有一种"如释重负"的感觉。

调停型不关心自我的内心，却有觉察他人内心世界的能力。他们理解九型人格理论里的所有类型，能和任何人打成一片。虽然不善表达自己的意见，对他人的意见却能说得清清楚楚。将心比心，能够切实体会对方是病了还是健康？是烦恼还是高兴？以至于分不清受苦的到底是自己还是对方？这是设身处地助人的能力，也可以说是调停型缺乏主体性的缺点。

3. 九型人格 1 号性格：完美型

一位完美型的自述：

王捷，公司部门经理，这样描述自己：因为我认为自己的价值观绝对正确，所以对不同的意见和行为很难理解和包容。特别在自身的体验和理解中，对于有绝对把握的事情，更难容忍不同意见和行为。

我经常批评犯错误的同事或部下，拒绝与他们沟通，只指出改正错误的努力还不够。当觉得对方不诚实时，常感到烦躁愤怒。对此，不少同事和部下反映我"强加于人"。此外，当自己的意见被批评或无视时我十分冲动，难以抑制，事后又陷入深深的自责。因为听不进他人的意见，不能很快解决问题，对他人的不信任多于信任，这是"误区"所致。

完美型负责、独立，是以超高标准勤奋工作的人。他们严

肃地面对生命，显现出急躁、紧张、爱评判、控制、自以为
是，以及难以克制地追求完美。他们对批评相当敏感，评判自
己之严厉更胜于评判别人，而且难以接受称赞或承认自己的成
就。他们总想让事情做对而且为人喜爱，奇怪的是在他们锐利
的外表下，却显得郁郁寡欢。

表5-3　完美型性格描述表

描述类别	特 征 描 述
基本描述	尽管追求完美，但并非事事都能做得完美。 只要下功夫，花力气，就一定做得很完美。 为了事事做得完美，对不能做到完美的事情，常常甩手不干。
主要特征	注意力集中于：要社会和他人都像自己一样正确、有上进心和道德感；工作的精确度。 把精力投入到：坚持重要的标准，做一个有责任心、自立的人，压抑个人需要及生理需求。 竭尽全力以免：做错事，好争斗，失去自控，违反社会规范。 突出特征：正直，重视自我提高，非常努力，理想主义，独断专行，刻苦，自我要求高，能自我克制，非常负责。
压力与愤怒	压力源：不能平息对自己的批评以及与此相关的焦虑与担忧，被个人的职责压得透不过气来，做的错事比对事多，有太多必须做对的事，试图释放怨恨及相关的紧张，别人指责自己做错了却不负责。 愤怒源：不公平，不负责任，做错事，公然忽视或违背规则，受到不公正的批评。 愤怒形式：怨恨，自我辩解，紧张，突然爆发。
个人发展	人格发展的最终目的：认识到我们都是很出色的（每个人都是），我们的价值和健康都是与生俱来的，它们并不依赖于我们的对或错。

完美型的特征分析如下：

一、正直与勤奋

有上进心和坚强意志的完美型，因为做事既勤勉又诚实，

所以工作的精确度一般都很高。他们具有细致而正确了解工作和人的聪明的头脑，事前认真准备，事后不忘整理归位，令人钦佩。

另外，完美型为人坦率，很善于与周围的人友好相处，讨厌谎言，正义感强。不只自身向上，为了周围人能向上发展，会不辞辛苦，所以作为朋友非常可靠。

正直和正确对完美型的人很重要。他们以对和错的角度观看世界，没有所谓的折中，而且如果他们的正义感遭到污蔑时，他们会狂热地支持一个事件。他们似乎觉得，如果做得够卖力，他们能把每件事弄得好而正确，而且他们是唯一会这样做的人。

自我批判是他们生活中持续的特征，然而他们却期待别人柔和的回馈，来包容批判。他们对别人的批评可能是一种论断，但还是掩饰了想让事情完美的欲望，就算他们知道已经做得不错了。

完美型喜欢每天早上在固定时间、固定路线上慢跑，在上班的电车上学习外语和准备资格考试，把所有的时间都用在有积极意义的事情上。对他们来说，认真完成工作非常重要，为了不放过一个小小的错误，会反复检查。看报纸的时候，看到贪污和卑劣的犯罪事件会非常气愤，走在街上，对不文明的年轻人会感到厌恶。

二、逃避愤怒，追求完美

但是，完美型有逃避愤怒、追求完美的"误区"。

许多完美型记得很小的时候就被寄予很高的期望，孩童时代就具有辨别自我行为正确与否的能力，因为内心另有一个能进行自我批判的"我"。这个批判者非常强大，不容抗逆，他们经常与之进行对话。专注于内在的批判者所示意的"正确"，不断压抑自己的欲求，不想拓展真性情的精神空间。然而，他们并没有意识到如此强烈的自我压抑倾向。

在完美型看来，所谓"正义"就是正确、善良和公正。其终极目标是完美。完美型认为在各种情况下，自己只有一个正确的选择。所以，他们总是说"一定……""应该……"等。

完美型尽管追求完美，但并非事事都能做得完美。相反，对不能做到完美的事情，他们常常甩手不干。有明显不擅长的学科和工作，因而他们难以忍受必须面对不完美的自我。

压抑欲望的结果是产生挫折感，这是愤懑和焦躁的原因所在。所以即使是平日说话，他们的声调大得像在吵架，焦躁和愤懑是内心欲求和自我批判之间紧张感的表现。

对善良的过度执著，意味着他们总想规避坏事，这样，在做决定时会产生很大的内心矛盾。假如是自己决断，就是内在真正的愿望和想做得正确的追求之间的矛盾。如果选择了正确的道路，会忧虑不能实现自己真正的愿望；反之，又会担心做错事。

结果，他们的选择是不快乐的。害怕被人瞧不起和担心违背勤勉美德的想法萦绕脑际，越是担心，就越是怀疑别人是不是在背地里批评自己，并为此痛苦。

特别是工作中做决定的时候，不可能完美无缺，但他们不愿勉强地决定而后受人批评。这也不行，那也不行，一拖再拖，迟迟不做决定，这样的作风给人一种缺乏决断力的印象。

三、压抑愤怒

完美型"误区"中最糟糕的东西是压抑怒火，而怒火不到临爆发时他们不会察觉。完美型认为，不断发泄是极坏的事情，因为随便发火的人，就不是完美的人。于是，心中虽然涌动着不满，却做出冷静温和的样子。

但是，压抑怒火总有极限，当再也压抑不住时，就会爆发出来。爆发的频率因人而异，有的人一年数次，有的人一生才有几次。爆发的方式大多为批评他人的错误，因为发无名之火是不对的，所以愤怒得有正当的理由。但理由大多是一些无关紧要的小事，所以被批评的人莫名其妙："为什么会提那些小事？"当对配偶发火的时候，有时会向对方施暴，一旦如此，完美型自己也会深感痛苦。

还有些人为了抵制内心强烈的自我批判，会大量喝酒，甚至酗酒。否则，压抑感强烈的完美型会表现出强迫症的症状。

四、对他人不宽容

完美型要求社会和他人都像自己一样有上进心、正确和有道德感，但周围并不存在所期待的完美，为此，他们常常很失望和愤怒，不宽恕自己的错误，也难以宽恕他人的错误，对不同的想法缺乏包容。由于这些特点，完美型具有不同寻常的特点。完美型通常批判权威，他们要的是高超的伦理观和明确的守则，以便根据正确标准来衡量自己。他们经常显出控制欲，不光是在行为和环境中，甚至情绪也是如此。当事情失控时，他们会变得很混乱。由于把这么多能量放在做对事情之上，因此当事情出错时，他们就想责怪别人，然而，责怪别人和负责任是相互矛盾的呀！

第六章

社交中的九型人格

1. 完美型的沟通妙方

一、如果你是完美型

1.当你拥有可供参考的有用资料时，在你提出改良建议之前，请先确定你已承认的可行之处。

2.当别人做了或说了某些你所喜欢的事情时，去称赞他们的作为——因为他们可能不知道你已经注意到了。

3.当你正感觉到受伤害或不被尊重时，请提防自己讥讽、嘲笑的作风。

4.说出你的感觉及想法——你的逻辑思考模式可能会漠视或批评了别人。

5.切记，当你正在控制或责备自己时，你可能触及愤怒，所以尽量试着去谈你的感觉。

6.如果你喜欢某个人，就告诉他们——有时候你的自我批判会让你显得不易亲近，所以对方可能不确定你是否真的喜欢他们而对你保持距离，即使他们也一样喜欢你。

7.如果别人表现出不悦或不满意的样子，切记，那不见得因你而起，更不是你的责任，你只要去倾听他们的困难就可以了。

二、如果你要和完美型沟通

1.切记，他们可能察觉不到自己的感觉，所以用不带批判的方式向他们发问，以帮助他们感受自己的感觉。

2.别以为他们的怒气是针对你个人而发——它可能有关某件完全不相干的事，甚至连他们自己也搞不清楚。

3.用逻辑的方式而非感觉来表达你的观点——完美型会考虑新点子并加以采纳，只要它符合逻辑。

4.请直截了当——他们对操纵的伎俩既敏感又批判。

5.当你看到事情出错时要告诉他们，并为你个人的错误和批评道歉——这样可以让他们放心，因为他们不是惟一这样的人。

6.如果他们不愿倾听，请他们告诉你他们的想法。

7.鼓励他们和别人分享他们的幽默感，并往光明面看。

2. 给予型的沟通妙方

一、如果你是给予型

1.记得告诉别人有关你自己的事情。就如同你请他们告诉你他们的事情一样。

2.尝试在对话时表达你真正的意思，而不要讨好对方。

3.如果你感觉别人待你不公，或是被视为理所当然，尽可能冷静地把它说出来。

4.开口要求你所需要的，而不是去抱怨别人什么也没给你——并不是人人都拥有你那种懂得别人需要什么的直觉。

5.避免那种评论他人的倾向，而用这个迂回的方式来要求对方回馈——直接说出你的要求。

6.容许别人对你所提供的帮助说不，不要觉得被拒绝而提供别的事物来代替。

7.给别人解决自己问题的空间。

二、如果你要和给予型沟通

1.告诉他们你很感激他们为你所做的事。

2.让他们知道，他们不必用特定的方式为你做事或帮助你，来博得你的欢心。

3.如果你在某方面拒绝了他们，请告诉他们原因，包括你的感觉，这样他们才知道，对你最好的帮助就是不要试图去帮你什么。

4.如果你想为他们做某些事，告诉他们这样也会带给你快乐。

5.邀请他们告诉你有关他们的事——请注意，他们会有把焦点集中于你的倾向。

6.询问他们眼前的感觉，以及此刻有何需要，特别是在他们显得情绪化、若有所思或急性子时。

7.如果他们不知道自己的感觉，或是把话题转移到你本身，不要感到挫折，只要让他们知道你对他们很感兴趣就可以了。

8.态度要真诚而直接，他们对操纵伎俩和不真诚的态度非常敏感。

9.在工作或执行某个方案时，别让他们自己埋首苦干——你要确定沟通的渠道随时畅通。

3. 实践型的沟通妙方

一、如果你是实践型

1.切记，许多人不像你天生具有野心——花点工夫去倾听他们并认同他们的长处。

2.注意你是否在压榨别人——告诉他们你的感觉，并仔细考虑他们必须说的是什么。

3.切记，你很容易在视觉上分心，所以在重要的对谈时，要约在不会让你视觉分心的地方。

4.让人们知道你真正的感觉——他们可能会因此更喜欢你，而不是更糟。

5.让人们知道你很感激他们的贡献，不论是工作或友谊。

6.花时间去倾听人们的感觉，特别是那些你所爱的人。

7.如果你听到自己用快速的答案或解决方式回嘴，请停下来想想你当下的感觉，并提出来沟通。

二、如果你要和实践型沟通

1.批评只会逼迫他们更卖力地"演出"。

2.如果你希望他们改变对某件事的做法，或是考虑变通方案，向他们表明这样做将帮助他们得到更好的结果。

3.切记，如果你过度说明一个观点，他们就会转移话题。

4.为了达成正面的接触，请配合他们的精力——只要他们和你在同一阵线，你就可以多少改变事情的步调。

5.如果你有被他们操纵或是高压强制的感觉，让他们知道你的感受——他们可能根本不知道自己有此作为，更何况他们也不喜欢伤害别人。

6.如果他们转移目标或太快展开下一步行动——请问他们能否稍微放慢速度，并告诉他们原因。

7.如果你喜欢他们而且乐于他们的陪伴，就开口告诉他们——他们不容易相信自己是有价值的。

4. 浪漫型的沟通妙方

一、如果你是浪漫型

1.切记，大多数的人对感觉的感应力并不像你。

2.告诉人们你当时的感觉，而不是等他们去猜，好证明他们对你够了解。

3.在讨论时要提防自己陷入情绪化的回应里。

4.如果有必要，告诉人们你可能会过度情绪化，或是分散注意力，并请他们帮助你保持稳定。

5.如果你觉得自己沉迷于情绪而不可自拔时，邀请人们帮助你开朗起来。

6.当你觉得低人一等或受到迫害时，提防自己变得冷嘲热讽——换个方式，告诉人们你现在的感觉，并询问他们所看到的情况是为何。

二、如果你要和浪漫型沟通

1.密切配合他们，让他们感受到你的支持——如果他们觉得你够了解他们，你就能改变步调，也会因此舒服些。

2.要求帮助时要直截了当——虽然他们看起来总是热衷于自己的事情，却很乐意帮你的忙。

3.让他们知道你的感觉、反应和想法。

4.切记，他们的情绪是真实的，即使你认为他们过度膨胀，也不要试图叫他们恢复。

5.承认他们的感觉，即使是在理性的讨论时。

6.如果你感觉到他们处在"某种情绪"里，询问他们此刻有什么感觉。

7.称赞他们，特别是他们富有创意又独特的贡献，而非称赞他们的成果。

8.倾听他们的直觉——他们可能具有你所看不到的见解。

9.切记，他们的自我评价不高，即使这看不出来，让他们知道你在乎他们、重视他们。

5. 观察型的沟通妙方

一、如果你是观察型

1.你越是退缩，就诱发越多你不想要的事物；所以，如果可以的话，告诉人们你的感觉，纵使只是因为你需要空间。

2.让人们知道，在你作决定之前，你需要时间细思，而他们的出现会扰乱你思考的过程。

3.让朋友知道，并不是你没有感觉，只是在那时你的表达有困难。

4.提出明确的讨论时间，以免让人觉得被你搪塞蒙骗了。

5.让人知道要你坚持己见是很困难的。

6.如果你觉得别人在命令你，告诉他们你所感觉到的冲击——别人可能不是有意如此的。

7.试图回应别人的感觉及话语，这样他们才不会觉得被拒绝或被打发。

二、如果你要和观察型沟通

1.请觉察他们对非言语的征兆非常敏感，如果你没有表现出很感兴趣或不具威胁的样子，他们就会退缩。

2.假如他们退缩了，别放在心上，切记他们在表达自己这方面有困难。

3.尊重他们的界线，不要依恋或显得依赖。

4.如果你必须跟他们谈话，要事先知会他们。

5.给他们单独的时间去作决定。

6.不要过度赞美——让他们自行处理能显现出你信任他们会做得很好。

7.沉默不是拒绝——如果他们人在那里，那是他们想要在那里；联系的方式也许就是微笑。

8.当你要求某件事，请确定你的表达方式是一种请求，而非要求。

9.切记，如果他们显得傲慢、疏离或易被激怒，可能是因为他们感到不舒服。

6. 忠诚型的沟通妙方

一、如果你是忠诚型

1.当你正在怀疑时，先请教朋友的想法，来检查事情的真相。

2.切记你有投射的倾向——当你确定有什么不好的事情发生了，问你自己你正在回应的线索是什么（它是我自己的某个部分吗），并问问别人的想法和感觉。

3.别人可能没有领会出你行为背后的讯息——记得告诉他们你的感觉，并以行动支持他们。

4.切记，有的人确实需要经常性的接触，来证明你的友谊及可信赖的程度。

5.你的怀疑在别人眼里可能是不可信赖的，因为那表示你想到一件事以后又有所改变——告诉人们纵使你做过承诺，看起来可能还是一副犹豫不决的样子，但是只要你承诺了某件事，你一定会办到。

6.如果你逮到自己正在支配一个对话过程，问问自己当下的感觉，并考虑说出这种感觉。

二、如果你要和忠诚型沟通

1.切记，他们难以信任别人——他们有一颗多疑的心，如果他们似乎不相信你的赞美或恭维，别放在心上。

2.倾听并承认你已经了解，否则你无法取得他们的信任。

3.说话的内容要精确而实际——切记他们很容易从中影射出隐藏的动机和意义。

4.以一种不动感情的方式，再度明确地确认你对他们的喜欢和爱——行动胜过言语。

5.持续保持一致，而且言行合一，信任便从中产生了。

6.邀请他们检查自己的真实性，帮助他们处在他们的想象力之外，并透过发问帮助他们沉稳下来，如：有什么事情困扰你吗？你对这样的情况有什么想法？

7.不要批评或论断他们的恐惧。

8.要幽默——鼓励他们开怀大笑，并看事情好的一面。

7. 享乐型的沟通妙方

一、如果你是享乐型

1.倾听别人——他们的意见和感觉可能和你的一样真实。

2.如果某人告诉你他们的问题，问他们是否喜欢听听你的劝告或帮助，不要只是告诉对方该怎么办。

3.让人知道即使是影射性的批评也会惹怒你，而提醒他们不要放在心上。

4.告诉朋友你很难说出你的感觉，以及和情绪有关的事。

5.切记，由于你想象事情相当完整，你在还没告诉别人之前，很容易相信自己已经说过了——先检查一遍吧。

6.当你对改善某件事有个很棒的想法，或是你想延后原先的目标，在你行动之前先告诉别人，这样他们才有机会配合你，也不会觉得被你冷落。

7.如果你已经委任某个人做事，而你却有更好的作法，不论公事或私事，先建议他们不要贸然行动。

二、如果你要和享乐型沟通

1.切记，他们有在思绪中徘徊的倾向——通过发问让他们处在当下，包括他们的感觉。

2.加入轻松愉快的对谈中——去参与他们的喜悦。

3.倾听并欣赏他们远大的远见，不要试图去证明他们的想法不可行——切记，他们正在分享他们存在的一部分。

4.如果你提出可能会影响到他们计划的构想。刚开始他们可能会有些反弹，所以给他们时间来采纳它。

5.不要批评或给出指示，使用中性字词来建议做事的方法。

6.如果你觉得有必要帮助他们面对搪塞推诿或痛苦的经验，绝对要坚定并活力充沛，如果他们试图怪罪于你，不要放在心上，只要再把他们带回讨论的问题就可以了。

8. 指导型的沟通妙方

一、如果你是指导型

1.切记，提高嗓门的声音通常会让别人停止倾听，而且你可能比你所认为的还要大声。

2.如果你觉得不被倾听，与其更大声地重复你所说的话，倒不如要求别人帮助你澄清讨论的内容，请他们告诉你他们对你所说的话有什么想法。

3.告诉人们，如果你会提出很多问题，是为了求得了解，而不是为难他们。

4.仔细倾听他人，在回答之前先想清楚他们的观点。

5.切记，别人不像你那样能立即有所反应——给某些人时间考虑，可能比坚持他们现在就理出头绪要有用多了。

6.如果人们伤害你的感觉，要立刻告诉他们——他们可能不知道你会受伤。

7.小心你有无心说出具伤害性话语的倾向。假如你已经做了，当你发现时立刻向对方道歉。

二、如果你要和指导型沟通

1.说出你的用意，直接要求你要的事物，不要有所保留或避开问题——他们对任何可能的操纵都会做出负面的回应。

2.在讨论时，用精确的语词让他们知道你了解他们的观点——他们接下来就会去听你所要说的事情。

3.切记，对你而言像是争论或攻击的感觉，可能只是他们尽兴又安全的投入方式，如果那种感觉太过强烈，或你觉得受到威胁，就告诉他们。

4.如果你对于关系要如何经营有任何没有说出来的规则，务必告诉他们，而且保持讨论的意愿。

5.如果他们伤害到你的感觉，要告诉他们——他们可能不是故意的。

6.不要取笑他们——他们会快速反击，而且不易宽恕这种被羞辱的感觉。

7.不要说谎，除非你不在乎被攻击或是被他们记上一笔。

9. 调停型的沟通妙方

一、如果你是调停型

1.切记，当你不知道你的感觉或想要什么时，别人可能会把你的沉默当作拒绝，所以告诉他们你的内在状况。

2.试图去提防你以沉默作为被动抗拒的方式，如果真是如此，让别人知道你确实的立场。

3.如果你感到生气，把它说出来——你通常不会表现出不悦，而让人以为你还好好的。

4.如果别人问你是否在生气，好好想一想，先不要否认。

5.如果你觉得不被倾听，告诉别人这个情况，不要越说越多。

6.尽可能切中要点。

7.如果有人问你问题，先弄清楚对方确实想知道什么，这样你才能针对重点给出答案。

二、如果你要和调停型沟通

1.倾听他们，并让他们知道你已经听到他们的着重点。

2.承认他们——他们通常会感到被排除在外或不被倾听。

3.切记，当他们"迎合"时可能会显得很突出，但事实上可能只是在做应声虫——用发问找出他们真正在想的事情。

4.切记，他们可能非常分散，用发问帮他们集中焦点。

5.当你想知道他们的想法和感觉时，不要急着得到答案。而是创造一个有趣的空间，让他们考虑并决定。

6."我怀疑这样是否适合你？这可能是你现在的感觉吗？我不知道，我只是这样想而已。"

7.在商业聚会中，切记他们可能和每一位发言者的意见一致，所以事先要求他们让你知道，会议结束后他们所考虑的观点。

第七章

婚恋中的九型人格

1. 完美型：在恋爱中寻求进步空间

脚踏实地并对自己要求甚高的完美型，在恋爱中也不忘通过双方交往以寻求进步空间、培养自身完美人格。他们希望找到一位拥有相同的志趣和价值取向，并一起为这个目标奋斗的人物成为终身伴侣。出于认真严谨的个性，他们不会随便放过发生在自己和伴侣身上的小小瑕疵，而总是竭力要把污点尽快清理妥当，可以说是有品格洁癖的类型。

一、难以接受不完美的伴侣

在一般情况下，完美型是十分了解自己目标的自信人物，然而在面临重大的决断时，像选定结婚对象等，便会让他们反复思量，心里七上八落，拿不定主意。因为在他们脑海里有一幅完美的结婚对象图像，这跟眼前的伴侣比较起来，无论如何都有着不可填补的距离。

完美型对自身的要求，普遍地延伸到他人身上。他们手里握着一些视为绝对正确的伦理观，并以此检查一切认识的人，其结果当然会令他们大失所望，因为事实上每个人的价值观都不尽相同，并不会同时都切合其设定的道德规范里。在看到别人不符合自己的期望时，完美型会很容易掉入愤世嫉俗的陷阱里，他们会责备他人，不能容忍和原谅别人的错失。

二、努力隐藏自身缺点

完美型对自己是否完美无瑕有根深蒂固的执著。他们通过与别人比较来发现自己的优劣。对于优点，他们也不敢骄恃自傲，自我警惕将它逐步完善，而对于缺点，他们会待之以忐忑不安、羞愧和自责感，并会嫉恨那些在某方面比他们出类拔萃的人。

完美型似乎无法想象拿不到满分也能被爱，乃至爱人，他们的固有观念是：我不能犯错，因为这样不可爱；我不能胡乱说话，因为这会让人嫌弃……他们拿这些标准限止自己，也拿来检视别人。他们对恋爱关系较少单纯地诉诸情爱的吸引力，或者可以说，纵然很爱对方，但如果他太过"不济"以致未能通过自己的"法眼"，他们宁可结束关系。

三、拙于赞赏别人

完美型习惯于臣服在正当的理想之下奋斗，觉得自己总是有攀升的空间，直至超过别人，因此无论怎样，目前所付出的努力都是微不足道的。很多完美型都能律己以严，多少带有抗拒逸乐的禁欲主义倾向。恋爱固然是人生乐事，但完美型却基于生怕正直进取的人生会被悦乐腐蚀的恐惧，不能毫不犹豫地迎接新恋情。

"幸福的恋爱是需要苦心经营的。"这句话颇能概括完美型的爱情观。也许这会让情感类型的人物难以理解，但完美型确实在恋爱中也有保持头脑清醒和敏锐的判断力、警惕性的本领。这种警戒性未必一定冲着伴侣而来，大半是由他们背上沉重的伦理包袱、闪烁生辉的理想性旗帜所赐。当然，假如感觉到伴侣的魅力和长处，完美型也会沉醉在爱河中，并以接近崇拜的目光仰慕、赞美恋人。可惜这样的"好景"并不会持久，因为在激情过后，完美型很快又会回复其善于观察别人缺点的完美主义本性，当发现伴侣撒了一个谎、丢失了一件小饰物，他们会将这些失误记录在案，然后锲而不舍地训诫伴侣必须好好反省、彻底改善。

总结起来，完美型的恋爱风格是这样的：

1.道德感强烈，在享受欢乐和甜蜜时，常会带有惧怕堕落的罪恶感；

2.就算在恋爱中，也不忘探究严肃的原则性课题：我们的爱有什么高远的意义？恋爱的责任是什么？我们透过亲密关系获得成长吗？恋爱只是为了快乐吗？完美型视恋爱如一个课室，在两性关系中也要发掘出超凡的目标和意义；

3.觉得恋爱关系必须如白璧般无瑕，稍有污点即不能忍受。他们无法想象缺点与爱情也可产生联系，不明白不完美的人为何值得被爱，或者能够爱人；

4.对待恋爱黑白分明，假如发现亲密关系负向发展，他们会"宁为玉碎，不为瓦全"，宁愿断然结束关系，也不会委屈自己接受一段有裂痕的恋情。吝啬赞赏伴侣，不会甜言蜜语，却又希望别人常常肯定自己；

5.自觉为伴侣的成长负上责任，会设定对方需要达成的具体目标，并会督促其必须完成；

6.对小节十分敏锐，记忆得一清二楚，伴侣的言行举止是否恰当，完美型都会一一记在心上。一旦犯错，如果伴侣能够坦白承认错误，完美型通常会"从轻发落"，为其诚实而感到欣慰，乐于包容对方的缺点；

7.忧虑别人发现自己不完美，故此尽其所能加以掩饰，若非经过一段长时间，伴侣不容易察觉出其隐藏着的另一面；

8.出于维护原则以及为伴侣设想的立场，要求对方不断自我完善，努力不懈地更新自己。当然他们也不会放过自己，在互勉互利中，完美型体会到他们心目中的恋爱真谛；

9.醋意甚浓，爱留意围绕伴侣身边可能出现的假想情敌，不时将自己与这些具有威胁性的同性比较一番，会为及不上他人而愁眉不展。

假如你是完美型，请学会：

1.减少与伴侣的比较心。当感觉到恋人较自己出色时也不要自卑与不安。事实上，在亲密关系组成的共同体中，两人都互有优劣，与其将心思放在谁比谁强，倒不如尊重个人所长，让各自的长处充分发挥出来；

2.不要向对方施加过度的压力，减少既动手做、又动口的批判式作风，体谅对方的弱点，学习接受别人和自己，本来就不可能尽善尽美的事实；

3.虽然你的确付出很多，而且是公正善良的人物，但不要经常摆出一副执法者的姿态，因为家人和伴侣都不是要面临审判的犯人。在坚信自己能够转变的同时，请相信别人也能够自发地为自己的人生使命开辟一条康庄大道。

假如你的伴侣是完美型，你要懂得：

1.不要在他面前逞强、夸示自己的能力，因为完美型厌恶不肯脚踏实地的人；

2.如有过错，在他发现之前赶紧以诚意表白。完美型通常喜欢诚实的人，而最恨企图蒙混过关者；

3.发展自己的兴趣和目标。完美型是工作狂，不要期望他会用上很多时间陪伴你；

4.遇到冲突和难题时，持有理据的讨论会让完美型开怀接受你的见解，相反情绪化的言辞则会让事情急速恶化；

5.赞许他对你的支持和关心；

6.经常展现你的忠诚可靠；

7.保持家中大小事务都井然有序。完美型喜欢每件事都有规可循，公平处理。

8.不要猛烈地抨击他，完美型在情绪上很难接受别人的直接指责，会激起他的愧疚感；

9.说话要立场清晰直接，措辞达意。完美型的同情心较弱，不容易察觉到别人的需要和感受。

2. 给予型：追求奉献自我的爱情

给予型喜欢别人需要自己，他们以得到别人的感激、赞美为目的，费尽心思地与身边所有的人建立完善和谐的关系，并为他们谋福利。然而他们却抗拒别人向自己伸出援手，因为他们平常惯于处在施予者、救济者的角色，以掩藏自己也和其他人一样不是毫无所求的事实。

一、强行介入别人的领域

拥有奉献精神的给予型，在遇到心仪的对象时，自然不会放过搜寻有关对方情报的机会，会仔细留意他在哪一方面出了问题，需要什么帮忙，若有所发现，给予型会迫不及待地第一时间上前支持他，希望赢得别人的注意。

给予型对自己的魅力很有信心，他们的自我形象是亲切、健谈、敏锐、洞察力强、以别人的感受为先等正面信念。抱着有利于人际交往的自信心，他们往往可以向感兴趣的对象展现其特殊的吸引力，能在短时间内卸下别人的武装，用热情来融掉别人的防卫网，令别人愿意开心见诚地倾诉心底话。

二、想被了解又不爱被了解

在两性关系中，给予型经常展现一种他们特有的矛盾性格：他们摇摆于想被他人明白却又不想向别人表白的两难中。一方面，他们期望别人完全地了解自己、接受自己，这样两人之间就没有任何隔阂，然而另一方面，他们却又很抗拒别人探问自己的心情和感受，作为一位众人的施予者，他们总是为自己也有一般人的感情跌宕和需要而觉得羞愧，故此会选择什么也不说。

即使是健康的给予型，他们在怀着慈悲心肠的同时，仍然不乏一点自负与傲气——要别人依赖自己的骄傲。"他跟我说，完全是因为我的建议才可以化解这场婚姻危机！""如果他肯早点让我帮忙，就不会把事情弄得一团糟了！"

给予型也很想别人感激自己。如果向对方倾注大量的热情，却换来别人的冷淡对待，他们会感到十分失落。由于给予型的自我价值是建筑在成全别人之上，所以一旦碰上不肯领情的人，这样的拒绝会导致他们对自我的怀疑。

三、恐惧为爱失去自我

在每一段恋爱关系的初期，给予型都会为了与对方尽快步调一致而付出大量的心血，他们漠视自己的想法，刻意迎合伴侣的喜好，以喜爱别人来换取别人加倍的厚爱，而通常他们都很成功。可是双方关系到了一个地步，给予型却会为了是不是过分忽视自我而反复思量，这时他们开始从当初的完全奉献退回来，尝试认真地检查自己在恋爱中的角色。他们会为了自己的"单方面"大量付出而耿耿于怀，感觉被利用，想要回一些曾经主动放弃的东西，并希望在某种程度上卸下照顾者的责任。

在恋爱中，给予型从不间断地为伴侣投放许多心力，其费神的程度，有时会超乎自己的承受极限，一旦关系中止，为免自己又再重蹈覆辙，他们往往对爱情敬而远之。所以我们不难发现一些相识满天下的给予型，纵然充满结识异性的机会，却一心只想为朋友做联络工作，又或是为大伙儿筹备节目而忙得团团转，看得出他们是刻意为群众服务，有心远离情场，背后的原因是为了保持一个完整的自我，免得在恋爱中又要再被伴侣"瓜分"掉久违了的自我身份。

总结起来，给予型的恋爱风格是这样的：

1.容易与伴侣同化一体，在精神上为对方承受很多压力，乐于分享对方的成就；

2.当花在伴侣身上的心思不被体察时，他们会有过度的情绪反应：埋怨、愤怒、指责，竭力激发对方产生"他为我做了那么多，我却不懂得感激"的内疚感；

3.容易被充满障碍的、无法开花结果的情感关系所吸引，这样他们就不需为对方付出过多；

4.很多时他们会被一些"人物"外表卓尔不凡的人所吸引；

5.惧怕被拒绝，故此常常先踏出一步，以付出来换取别人对自己的依赖，如此便可拥有安全感；

6.难以接触自己真实的感情和需要，惯于以别人的感受代替自己的感受；

7.害怕让人发现自己有要求便会被拒绝，因此会尽量掩饰，并要对方确保不会因此而离开自己；

8.自觉在恋爱中付出太多，恐惧失去自我，有时他们也渴望放弃关系，重觅个人自由。

假如你是给予型，请学会：

1.不要对一些布满"浪漫的地雷"糖衣陷阱式的恋爱过分着迷，因为给予型很容易被爱情的感觉掏空了自我，看不到面前的危机，常会弄得伤痕累累，故此在恋爱中保持自觉性和自我意识，对给予型来说特别重要。

2.不要过分"霸占"伴侣，尝试为自己找寻一个人的节目、独处的趣味，既可让对方歇一口气，也可在平静的空间里接触自己的真实感情。

3.当不断付出时，留意伴侣是否真的需要你的关怀，还是自己过分"多管闲事"。由于接收者未必时时感觉到你的心思，当他们没有适当表达感激时，也不要为此动气，何不站在他们的立场，看看究竟他们会如何理解你的好意。

4.培养自己的价值观，不要随便被别人左右自己的行动。假如你在思想上和心智上能独立自信，对你和伴侣双方也是一种值得庆贺的解放。

假如你的伴侣是给予型，请懂得：

1.给予型想被人视为最亲密的伴侣，却又害怕对方过分依赖自己而使自己有窒息感，令得他们想消失。身为给予型的伴侣，如何掌握他所需要的空间是一门巧妙的学问。

2.不要攻击他缺乏逻辑，不够理性，应赞扬他的慈悲、亲切、仁爱，感谢他为你所做的一切。

3.保证你不会因为他也有情感需要而离开他。

4.常常表达爱意，如有可能，公开地赞赏他对你的支持、在你生命中有特别意义，这会令他异常感动。

5.虽然伴侣的关怀是值得感激的，但不要让他过度管束或介入你的个人生活。

6.鼓励他表达自己的想法，而不是一味迎和你。

7.他对"人"最感兴趣，不过这里的"人"不是抽象的概念，而是个别的人。个体的情感、言行、思想……凡是围绕个人的一切，都是他关心的焦点，他的日常话题，也是以别人的事情居多，以通过言说他人来曲式地表达自我。了解到这一点，就可以更容易与他展开沟通，从他对别人的描述，挖掘出他隐藏在话里的自身观点。

3. 实践型：把爱情当作成就

　　实践型期望付出的同时也能收到回报，所以他们倾向一种双向的恋爱方式，渴望从伴侣身上得到体贴、关怀和慰藉。他们对成功的欲求很浓烈，在为成就与声望打拼的过程中，很需要伴侣与自己共历艰苦，只要伴侣一句温柔的慰问，他们便可回复精神，继续上路。

一、爱情应指向可谋求的幸福

　　我们虽不能确定地说实践型对爱情的态度必然是乐观的，但至少他们并不认同爱情自然地与痛苦有着不能切断的联系。从小活在他人肯定的目光的实践型，很自然地将爱与幸福快乐拉上关系，他们对恋爱的追求非常清晰且能自我说服：爱应该是一种成就，其中应包括幸福和快乐在内，"我能拥有多少幸福"是他们深切关心的课题，而他们也深信幸福的生活能够按照自己的方法一步一步经营出来。

假如憧憬一个完美家庭的典范，他们便会周详地开列一整套计划：如何教养孩子、提高家人的物质和精神生活永平、增加家庭的收入和财富、为亲爱的人谋求保障……总的来说，实践型愿意透过追求实质可见的成果来表现自己对家庭的热爱、对亲密关系的忠诚，因而他们会投放大量精神时间，来满足自己、家人以及旁人的期许，并常常思量"我能为所爱的人做些什么？"

二、视感情为成就的绊脚石

重视效率、成果取向、功利主义、自信十足的实践型，非常关心自己在社会上的声望和地位，形象意识相当强，讲究外表多于实际能力，也惯于推销自己。他们随手便能说出一些惹人注目和好感的话，从而在机构中获得相应的重视，成为团队的领袖。

实践型当然也会享受爱情生活，但他们却不容易完全释放自己投入恋爱中。实践型多数视感情为障碍物，惧怕它会随时毁灭辛苦经营的形象，也可能会为事业带来麻烦，拖垮进度和既定的计划。在认清眼前的目标后，某些实践型能严格地控制自己，不让自己陷入任何感情的漩涡中，一心只向着"成功"两字进发。在成就感的推动下，实践型对感情的克制能力往往十分惊人。

三、抗拒伴侣的劝告

一般的实践型具有带着盲目的竞争性，对他们而言，生命就是比赛，每场赛事都与人格的尊严有关，是故不容有失。击败别人、表演胜利者的姿态变成他们人生价值的支柱，在持续竞争——优胜——再竞争的循环作用下，他们借着胜利的次数为自我形象加分，放眼于可以客观计量的成就、名衔、地位、权力，却忽视很多形势以外、很难有公论却又更为深刻的意义，例如尊严、原则、意义、理想、感情、人格等，因此他们很容易停滞于自己完美无瑕的光滑外表，以此自满，允许让自己固执己见，不听善意的劝告，任凭自恋式的想象充斥胸膛。因此，实践型的伴侣往往发觉他们只挑好听的话来接受，不肯承认迫在眉睫的危机和自身的弱点，要他们相信和接纳失败的正面意义，是相当困难的事情。

总结起来，实践型的恋爱风格是这样的：

1.拙于率直地表达感情，连爱的感受也需要营造出来，会扮演公认的最佳情人角色，擅长发挥性的吸引力，让自己看来十分迷人；

2.常常要保持兴奋高昂的精神状态，以回避幽暗和不快的情绪；

3.视爱情也是成就的一种，成功的恋爱是可以刻意经营的，也会带来实质的成果，诸如物质与精神生活的满足、美满的家庭生活等，因为秉持这种信念，他们会透过完成很多有利于家庭的"业绩"来表达爱意；

4.对恋爱持正面的态度，否认爱情要与痛苦挂钩，自信可以掌握自己的爱情命运；

5.在恋爱中也不忘成效主义，假如着眼于近在咫尺的目标，他们会甘愿放下感情的包袱，而以功效先行；

6.过于沉迷角色的扮演，以致忽略自己的情感，也无以真正明白别人的感情需要。同情心不强，在对待感情上偏向自我中心，会将自己的想象、情绪与现实情景混淆；

7.即使恋爱关系刚开始，身为工作狂的他们仍然会不经意地忽略伴侣。

假如你是实践型，请学会：

1.虽然失败的确很可怕，但视挫折为洪水猛兽的人却是永远难有进步的机会。恋爱也一样，在双方关系陷入劣境时，自然无可避免地会让伴侣发现自己的弱点和难堪的一面，然而一旦冲破了必须要维护美好形象的心理障碍，勇于在亲爱的人面前承认脆弱，如此便会令两人之间减少隔阂，在感情世界里更加亲密。

2.一流的学历、靓丽的外表、光鲜的衣着、潇洒的风度，还有人人仰慕的社会地位……这些优越的条件，任凭谁也不会不理会。可是恋爱毕竟是讲究心灵契合的交流，而不是职场的厮杀，光是可以计量比较的客观条件，并不会造就一段幸福的恋情，尤其是一位可以在下半生把臂同行的生命伴侣。

3.实践型固然聪明伶俐、善解人意，但是也往往聪明反被聪明误，中了精密计算的圈套，以为成功的恋爱必然与实际的成效有关联，结果因为事事筹划妥当，锱铢不差反而使爱情生活欠缺由含蓄和不确定性所带来的情趣。请记住，在谈情说爱时，有时可容许自己偶尔糊涂一下，不需时时刻刻保持"眉精眼快"。

假如你的伴侣是实践型，请懂得：

1.了解他们不停地追逐成就，其工作狂精神是无可根绝的，因此不要寄希望他们常常抽时间来陪伴，理应养成自己的生活中心和兴趣；

2.避免表现过分的悲伤，他们不会懂得处理，反会给他们增添压力；

3.在他们失败时勉励他们，因为他们很需要别人肯定自己的才干；平日不忘诚恳地赞美他们，但切忌使用浮夸的赞辞，因为他们太易接受他人的肯认，会全盘接受，信以为真；

4.称赞他们的乐观、自信、效率和无限的精力。注意他们的感受，因为他们缺乏内省的习惯和能力，需要可信的人从旁提示；

5.当他们不断地为家庭付出时，表达你由衷的敬意和欣赏，实践型很需要感觉到别人欣然领受他们努力后的成果；

6.一起为共同的目标努力。他们透过做一些事情、干出一些成果来令爱情生活充实起来。不要随意提及他们过去的错误、缺点；

7.他们害怕沉重认真的讨论，特别是涉及两人的关系，会压迫得让他们喘不过气来。

4. 浪漫型：追求不平凡爱情

因为生怕被误解的个性使然，浪漫型几乎将被对方了解等同于爱情生活的本质。同时他们的孤独感特别强烈，一位能够进入他们生活世界的心灵伴侣，将他们从平凡生活中拯救出来，一直是他们梦寐以求的恋爱关系典范。

一、充满幻想的人际关系

浪漫型由于过分专注自我的感受性倾向，养成了极为主观的偏颇角度，尤其在恋爱关系中，他们很难客观地看清一个人的真面目，而只是被那些激起他们感情和自我感觉，又或是能唤起过去经验的人所深深吸引。可以说，他们的人际关系总是渗进一些脱离现实的想象，伴侣有时会被设想为一些象征性的东西：一条有纪念意义的手帕、一幅照片、一件毛衣，然后他们会拥着这些东西入睡、细细品味和回忆与伴侣一起的片段，就仿佛真的正在与对方单独共处一样。这样通过模拟似的情景来尝试体验真实的亲密关系，说到底只是浪漫型既爱对方却又希望与对方保持距离，借以维系爱情热度的一种缓冲设施。这些设想让他们单方面地百感交集，在一己构想中尝尽悲欢离合，但片面的幻想却不能让人感觉到他们的情爱和需求，反令他们因为在双方关系中欲求不满而陷入悲剧的境况。

二、容易置身三角关系中

因为厌倦世俗、平凡的恋情会使人变得麻木，浪漫型经常追求恋爱的高热度。尽管已经结婚或已有要好的伴侣，伦理观淡泊再加上唯感觉是从的浪漫型，不论男女，仍然会像少女般对爱情有着持续不断的憧憬，并且会被难以接近的、不适当的人所吸引。一切带有时空距离的恋情，包括三角恋、异地恋、世俗眼光不容许的恋爱、瞬间即逝的以及带有期限的爱情，都能赋予无限的想象空间和轰轰烈烈的悲剧感，让他们"乐"在其中。徐志摩是浪漫型追求爱情的最佳例子。已有家室的他，当年不惜一切追求已为人妇的陆小曼，在保守的民国，成就了一段惊世骇俗的爱情。然而一旦两人朝夕相对，庸碌平凡的生活即将两人的关系彻底摧毁。这大抵是浪漫型恋爱的真实写照。

三、让距离来维系感情

"距离"是浪漫型维系恋情的手段。"因为爱你，我必须离开你。当离开你后，我才发现有多爱你。"这种想法会令其他人无所适从，但的确是他们的心底话，也是他们向自己证明有多爱你的方法。身为浪漫型的伴侣，你必须随时预备要置身一种永无止境的"推——拉"游戏中。当他们感到过分亲密会危害到恋情时，他们会将你推开，让自己有足够的空间来重新浮想你的好处，在确认真的爱你后，他们会在你立志要离开前，用尽一切方法说服你回来。可是当你希望两人关系稳定下来时，他们却会再次退缩，不会做出一些具体的承诺。在你为他们的冷漠失望时，他们又会重新施展吸引你回来的伎俩。浪漫型的恋爱模式就是"吸引——拒绝——吸引——拒绝"，如此循环不息。

总结起来，浪漫型的恋爱风格是这样的：

1.专注于那些别人有但自己欠缺的事物，常常自怜"他们有很多，而我什么也没有！"因为这样，常觉得找不到一段绝对心满意足的关系。

2.不能容忍欠缺"味道"的爱情，幻想在平淡如水的寻常生活里，会发生一些可以刺激起神经的不幸事故，诸如死亡、别离、灾祸、第三者等。有时也会无缘无故假想自己被遗弃，需要孤身一人面对冷酷的世界，由此来确认伴侣的重要性，说服自己要安于关系中。

3.只有激烈的爱情才是真正的爱情。当感情炽烈燃烧时，便会依感觉行事，眼前一切事物都变得空白一片。

4.没有安全感，不敢许下长久的承诺，但却极端需要被保护，被爱惜。可是当伴侣想许下诺言时，他们便会避开，不敢接受。

5.觉得自己非常的不完美以致不配被爱，也常暗自作好被离弃的心理准备，但这种所谓的准备其实不过是一种自欺的状态而已。

6.时常使伴侣离开，然后又说服他回来。这可让他们一直保持想要的距离——可以控制一切又不至于疏远得被忘掉。

7.追求过程中的甜酸苦辣比恋爱成功一刻更扣人心弦。

8.如果目前的关系在别人眼中是完满无瑕的，他们便会倾向怀念逝去的恋爱。

假如你是浪漫型，请学会：

1.不要钻进逃避平凡的死胡同里。为什么恋爱关系里一定要充满不幸和刺激才值得你去好好珍惜？成熟的浪漫型，应该学会从日常事物中也可看出令人欣喜的意义和价值。假如伴侣为你弄一顿精致美妙的晚餐，请你细细体会他的心意，好好品尝这顿饭的滋味，而不要在心里抱怨为何少了一双罗曼蒂克的洋烛。

2.不要只看到自己和伴侣没有的东西，这种偏见只会对你和身边的人造成无谓的压力。

3.浪漫型中充满了自我评价低落、对恋爱婚姻失去信心的人，这其实是自尊心不足的表现。学会勇敢地面对困难吧，不要停留在幻想中，将灰心、失望、愤激的情绪误认为恋爱的"保鲜纸"。

假如你的伴侣是浪漫型，你要懂得：

1.当他们闹情绪时，不要催迫他们用理性的语言交代清楚原委，因为浪漫型不擅长整理自己的感觉，你的逼迫会将他们推人更为泄气和沮丧的境地；

2.不要直接批评他们多愁善感，因为他们觉得任何情绪，不论正面负面，都有可贵的地方；

3.除非他们的情绪已陷入无法自拔的危险状态，一般的感情发泄在浪漫型来说属于常态，不用大惊小怪，也不必被他们的脆弱控制。可在适当时候走开，然后待他们回复平静时再次支持他们；

4.假如觉得这种持续的"推——拉"模式不健康，应坦诚向他们提出；

5.猛烈的抨击会催化他们的羞耻感，故应该避免使用尖刻的语言，用语要温柔，且时刻表示爱意；

6.欣赏他们柔情似水、善解人意的个性，了解他们处理和表达感情的需要；

7.如果你确知他们是爱你的，则他们间歇性地避开你的行为，大可诠释为"他们为求更爱你，所以正寻找一种可以使爱情持续的方法，这正好证明你在他们心目中的超然位置"。浪漫型对于无关痛痒的人和事，根本不屑花上什么气力去了解和处理，而现在他们竟让自己掉入又进又退的感情漩涡中，这岂不说明了他们对你有着浓浓的爱意吗？如果你能这么想，便可以减轻他们这种离离合合的姿态对你造成的困扰。

5. 观察型：追求保持个人空间爱情

重视思考的观察型，就算在感情中也很在意两人之间的想法有何不同。不过，观察型并不是独裁者，他们不要求伴侣与自己像同一个模子印出来般毫无差别。果真如此，一向欣赏别人有独立思考能力的观察型，反而会轻视伴侣不肯用脑，对自己过分言听计从。简而言之，观察型追求的爱情模式，是纵使相爱，仍然保持两个人各自的自由空间的关系。

一、一边恋爱，一边精神抽离

无论在什么情况下，观察型都可以保持冷静理性的头脑，几乎不会进入其他人格类型在恋爱中很容易经验到的恍惚彷徨的状态。

观察型在私人时间时是最平静的，他们的感情往往在独处一角时最清晰且最满足，而在与人一起时却似乎没法激起什么特别的感受。观察型的爱情并不属于一发不可收拾的激情，而是在观念里联系起来的一连串思想，包括一些感情成分很低的联想和想象；这就像我们由于怀有某个目的而希望拥有某个对象的心情一样，观察型通常会感觉到自己"想"跟某人在一起，而不是满胸快要流泻的热情迫得他们不得不去接近恋人。

二、伴侣是唯一与自己心意相通的对象

观察型特别看重那些尊重他们界限的人，他们既喜欢与伴侣交流想法，也希望伴侣坐在一旁静静聆听他们有感觉地表达感情。与人分享秘密是他们获得心境上宁谧的时刻，透过亲密的、深刻的交流，他们可以确认自己在对方心目中的位置和分量，进而视对方为与自己心意相通的惟一对象。

知性的观察型头脑较为开放，他们不一定要选择与自己一样求知欲旺盛的人为伴侣。或许是因为平日太埋头于各种思想之间，他们会反过来比较留意异性的外在吸引力，不论男女，都会注意漂亮的异性，不过在真正谈恋爱时，观察型又会唤醒自己的理智，不会将外形列为最重要的条件。

三、感觉模糊

与伴侣在一起时，观察型很少会流露出愉快喜悦的神情。"究竟他是高兴还是不高兴呢？"伴侣常会感到疑惑。而事实是，观察型与别人在一起时，由于他们懂得建立起一个感情的

保护网，外界对他们造成的适时冲击并不大，致令他们很少会经历情绪上的大起大落，故此也可以说，观察型与伴侣在一起时也不会感到特别情绪高涨。

观察型不享受密集的个人接触。他们也爱与人交流，但仿佛身体内置了一个时钟般，按分按时就会觉得眼前人让他们疲惫不已，然后就会明白到是时候需要回复单身一人了。如果伴侣也像他们一样是个性独立的人，甚至比他们表现得更冷漠，观察型也会觉得不是味儿，可是因为他们已将自己归类为"独行侠"组别里，所以对于需要长期脱离伴侣独自行动，也不会像其他人格类型般觉得无法接受，大发怨言。

总结起来，观察型的恋爱风格是这样的：

1.观察型很少用言语表达感情和爱意。身为思考型的人物，他们大抵明白到语言的限制，故此反而喜欢透过身体的接触来体会情爱，激起他们内在的感受。

2.观察型的感情反应迟缓，他们很少有什么激烈的表情和动作，别人会因此觉得他们高深莫测，俨如一个世外高人一样。然而当他们独自一人时，感觉就会徐徐浮现出来，这时他们会很了解自己的喜怒哀乐，也知道自己喜欢什么、讨厌什么。他们与别人的亲密感觉，是发生在幽静的心灵密室里，唯有自己一清二楚。

3.与人越亲密，越容易发生脱离关系，或与伴侣保持距离的念头。一方面这是源于一贯以来不想被别人打扰的习性，另一方面，他们也害怕自己会养成对伴侣的心灵依赖症，这样他们便不能继续保持思想上和人格上的独立了。

4.观察型只会感到有需要时才会主动表达感受，除此之外，他们大部分时间都是默然不语。

5.伴侣会被他们从别的朋友圈子中隔离，以避免自己在处理不同类型的人际关系时，自己将会发生难以驾驭的角色冲突。

6.观察型的日常性格表现模式是不参与、抽离，常爱站得远远的观察事件发生，不让自己牵涉其中。所以，假如他们有异乎寻常的愤怒、妒忌等负面情绪，又或是正面的表现如显得特别兴奋、很多话要说等，伴侣应该特别留意。

假如你是观察型，请学会：

1.因为在一般的情况下，观察型不懂得自己在情感方面的真正体会，也不大了解别人的想法，所以他们有时会向伴侣撒娇，以证明被爱，故此理性的观察型，也会偶然出于狐疑而带点任性。但切记勿让理性的孪生兄弟——疑心来扼杀可贵的爱情。

2.观察型十分抗拒欲求，生怕自己会陷入欲望的泥沼中不能自拔，因此他们常自觉自己是无欲无求的人。不过，假如能够为两人的幸福一起努力，共同实践一些计划，这种欲求是可以增进两人的感情的。

3.不要以为恋爱像其他事情一样可以预知和把握，尝试放开理性的包袱，感受在爱情中的甜酸苦辣，将会发觉恋爱更加充满生气。

假如你的伴侣是观察型，你要懂得：

1.不要逼迫他们参与交际。若有问题发生时要表现得客观理性，要避免强烈的情绪反应。

2.不要批评他们喜欢单独行动的生活方式，更不要企图将之扭转。

3.欣赏他们的客观、机智，与他们说话，要简短直接，切忌喋喋不休，失去重点。

4.当他们从事他们的计划时，尊重他们对私隐的要求。

5.安排自己的生活，培养自己的兴趣和社交圈子，不要时时依赖他们来陪伴你。

6. 忠诚型：追求互相信任关系

忠诚型经常受到不安全感的折磨，他们需要一个可以互相信任、互相扶持的人作为终身伴侣。忠诚型十分爱护家庭，对伴侣也很忠诚，如果偶有异心，纵无越轨行为，也会自责不已。当然他们也希望伴侣对自己也是百分百坚贞的。

一、爱是怀疑

忠诚型渴望被喜爱、被保护，他们相信人生的幸福在很大程度上取决于他人对自己的认同。当被人喜爱和接受时，他们会觉得安全，否则就会感到危机重重。极端的忠诚型甚至不敢自己一人上街，因为在到处是陌生人的闹市中可能满布罪恶的渊薮。

忠诚型是所有人格类型中最矛盾，最难以理解的，他们由对安全感的饥渴式追求，演化出一种以怀疑为本的生存手段。他们以为透过怀疑一切，并在任何事情上设想最负面的结果，便可以减轻损失，避免身陷险境，却不知道这种胡思乱想只会拖延计划进行，也会因为经常表露出怀疑的态度而摧毁本来相安无事的人际关系。

二、神经过敏

忠诚型对于伴侣的态度是极端的，不是完全信任，就是觉得对方处处可疑。只要抓到一点点蛛丝马迹，就可以夸大为双方关系存在危机的"证据"。他们容易对事情有过分反应，有些忠诚型会仅仅因为伴侣迟了三小时回家便想象为婚姻关系中有第三者介入。假如伴侣一时忘了打电话给他，忠诚型极有可能诠释为"他已不再爱我了"。

三、爱情与义务相连

忠诚型是忠诚负责任的类型。在日常生活中，他们是典型的传统型，信奉传统价值，性格相当组织化，常着眼于一些社会规范，要求自己符合这些标准，也以此来作为评价伴侣的其中一个标准。他们不像一些感性的类型如浪漫型一般，因为爱情的感觉消失便会离开伴侣，"如果对方没有犯错，贸然将他抛弃是不道德的"！他们自觉要对伴侣尽上责任，能对家庭无怨无悔地奉献，尽管会累得自己精疲力竭也绝不言悔。

总结起来，忠诚型的恋爱风格是这样的：

1.怀疑伴侣的动机，就算是正面的行为，善意的举动，也不能避过他们的质疑。

2.希望影响别人，用温暖的爱意、性的吸引力等手段去得到爱人的心，却讨厌被控制。他们对任何想操纵的意图都有敏锐的警戒心。

3.肯为爱人牺牲，愿意成就别人多于追求自我实现。

4.不容易记得快乐的事，悲观、敏感，常觉得被剥削，有不公平感。

5.不断要对方肯定对自己的爱，不停地问："你还爱我吗？你什么时候会不要我？"

6.理想的爱情是一个安全的堡垒：一是全力保护伴侣，一是被伴侣牢牢地保护。

7.在蛛丝马迹里常常试探双方的关系是否有变。

8.投射作用：例如否认自己有异心，却强说对方先有外遇。

假如你是忠诚型，请学会：

1.注意自己如何做出最坏的打算，反省自己过分小心翼翼的根据究竟在哪里？是真的准备做出负面结果准备的需要，还是仅仅杞人忧天？

2.明白不信任他人，对一段关系有多坏的影响。爱情不是在怀疑中孕育出来的，感情在火药味十足的战线边缘只会化为灰烬。

3.在你怀疑时，学习怀疑自己的怀疑是否恰当，然后停止这种怀疑，尝试放手让疑惑以外的感觉浮现，这样伴侣的缺点便会慢慢缩小。

4.不要以为所有错误都与他人有关，学习认真面对自己应负的责任。

假如你的伴侣是忠诚型，你要懂得：

1.忠诚型对伴侣的人格要求有近乎洁癖的倾向，他们对于身边曾经信任过的人，特别是配偶、恋人的期望来得特别高。所以身为忠诚型的伴侣，最好时常让对方感觉到自己是值得信赖和诚实的。计划中的事，在可能的情况下，最好让忠诚型了解，以释除他们的疑虑。

2.不要吝啬保证你们之间立下的承诺。

3.如果他们发怒，切忌与他们大吵大闹对着干，这只会火上加油。忠诚型在激愤中很难冷静下来，伴侣只能够暂时离开，静待他们平息怒气。

7.享乐型：追求快乐爱情

享乐型是讲求触摸到一些看得见、捉得住的东西的"实利派"，他们就像永远静不下来的顽童一样，双眼无时无刻向外探索，到处发掘可以带来新奇、鲜活、刺激体验的机会。在恋爱中，他们期望会受到爱人的体贴关怀，与爱人痛痛快快地享受眼前的一分一秒，为爱情生活制造灿烂动人的朝气。

一、讨厌受拘束的关系

享乐型精力充沛，认识很多不同类型的朋友，终日周旋在不同的社交圈子中而从不言倦。他们热情洋溢、生气勃勃，不怕成为众人的焦点，自信别人都会喜欢他们，爱与他们交往。而且的确，天真烂漫又活泼迷人的享乐型，实在处处不乏坠入爱河的机会。

一般来说，享乐型倾向被感官的刺激所打动，这不一定指异性的吸引力，也包括外在世界目不暇接的五光十色。他们总是要透过寻找无限的可能性，来逃避将注意力凝聚在固定的事物上，因为一旦将注意力集中，便等于要被迫面对付出努力过程中的压力和逆境，也被迫要直视自己能力上的缺陷，在这种情况下，快乐便会拂袖而去，这无疑违背了他们追寻快乐的本性。正因如此，享乐型会在精神上替自己保持无穷的选择。尽管已有固定的伴侣，他们的目光还是会在别的异性身上游移。如果肯定没有别的可能性，享乐型便会把一度外骛的心收归目前的伴侣身上。

二、对感情十分决断，不会拖泥带水

因为自我中心倾向使然，享乐型对自己的要求一清二楚，他们不会像忠诚型般，不断反复思量理想对象的条件是什么、自己与哪种人最默契等问题。享乐型十分了解自己应该找一个能共同分享乐趣、刺激和冒险的伴侣，这几乎等同于爱情的真义，如果伴侣是一个彻头彻尾的闷棍，他们定会落荒而逃，绝对不会勉强自己接受这种平淡无味的爱情关系。

身为享乐型的伴侣，你不必担忧他们会因为失恋而大受打击，意志消沉。他们对每件事都采取正向的态度，几乎视失败如无物，不消一会儿便可以忘掉痛楚，重新做人，就算在恋爱中也不例外。无论是被伴侣抛弃，抑或是自己主动提出分手，相对于其他人格类型，他们是最能够坦然面对分手的折磨的。享乐型的优点是对感情十分决断，不会哭哭啼啼地纠缠不休，分手后也不会藕断丝连。如果是自己要求中止关系的，则会处理得更加干净利落。失恋不会在他们心底埋下什么惧怕爱情的阴影，只要找到适合的对象，他们便会勇者无惧，挺起胸膛，再一次接受恋爱的挑战。

三、追求刺激冒险的关系

在追求刺激的感情关系方面，享乐型与浪漫型有着惊人的相似之处：两者都很容易恋上不适当的人、酷爱刺激、不寻常的关系、厌腻平淡乏味的爱情、喜爱制造浪漫的气氛、执意要与别人展开爱情的角逐，对异性会刻意引发其注意，对作为竞争对手的同性则充满妒意。基于这些共同点，以及阴（抑郁的浪漫型）阳（开朗的享乐型）相配的互补作用，享乐型与浪漫型之间很容易诱发莫名其妙的吸引力。当他们刚开始走在一起时，常会发出"已找到世间最美妙的人"的惊叹。

总结起来：享乐型的恋爱风格是这样的：

1.他们像是有用不尽的精力，情绪长期处于高涨水平，不是联群结队去看表演、户外活动，就是到处挖掘一下有何美食。他们惯常地透过专注外界事物来消除对自身产生负向评价的可能空间；与伴侣在一起，也喜欢共同度过多姿多彩的生活，一起尝试新奇、意想不到的刺激体验。

2.他们喜欢伴侣欣赏其聪明机智、脑筋灵活、敢于尝试新事物的胆量；不爱伴侣处处约束、墨守成规、严肃刻板、多愁善感。

3.极度需要自由度，对承诺很敏感。虽然已结婚，但仍常在无拘无束与履行诺言之间感到矛盾与挣扎。

4.乐意支持伴侣达成心愿。

5.难于接受伴侣的批评、抱怨和哀伤情绪，没有面对困难的耐性。

6.不喜欢细水长流，不能忍受一潭死水般的关系，爱制造令人惊喜的火花以突破平淡呆滞的气氛。

7.喜爱伴侣支持其纷缤多彩的活动，若被阻挠则会发怒。

8.对恋爱持正面态度，很少因为亲密关系破裂而受到心灵创伤，即使有，由治疗至康复的时间也异常的短促。

假如你是享乐型，请学会：

1.配合伴侣的频率。要明白不是每个人都像你一样可以整日保持轻松愉快的心情的，而且生命中也有一些人人都会面对的严肃问题，不是开怀大笑一番便可以迎刃而解的，所以忧愁不一定是种消极或病态的反应。你可以尝试拿出耐性来，体会一下为何伴侣会陷入低落的情绪中，然后运用你的机智，与他一起面对问题。

2.珍惜伴侣对你的种种好处，幸福不是必然的。

3.不要只坐着接收，学习去关怀伴侣的感情需要。不要以为别人不说，便等于一切安好无事。

4.享乐型可能会在结婚后感受到失去自由的苦恼，也会为婚后带来的问题而感到后悔不已。"如果我还是单身，那该多自由自在啊！"他们会不期然地缅怀起结婚前的黄金岁月。面对这些困恼，享乐型应该懂得人生不会只有顺境与乐事的真相，世界不是为人而设的游乐场，人生本来就是由悲欢离合构成的。能够接受这一点，就不会堕入只求快乐光临的执著里。

假如你的伴侣是享乐型，你要懂得：

1.批评他时要温和，不要唠唠叨叨，以免让他感到被冒犯。

2.学懂独立，不要依赖他花很多时间在你身上。

3.赞赏他的幽默机智、乐于投入新事物的热忱。

4.他们通常察觉不到问题的严重性，会过分乐观，因此应常留意他们有没有故意忽略困难的倾向，提醒他们问题若不解决将会埋下祸根。

5.不要受他们的大吵大闹影响，可选择立即离开。

6.有什么事可放胆跟他们讨论，但用语要平和，因为享乐型个性普遍冲动，很容易有过激的反应。

7.鼓励他们忠于自己的感情，让他们明白负面情绪不一定是坏事。

8.不要让他们不断地说话而令你变成听众，试着坚持参与谈话内容的交流。

9.不要企图用时间表等约束他们。

8. 指导型：将爱人扛在肩膀上

指导型总是言谈举止不拘一格，随心所欲，一副生人勿近的模样，而事实上，他们十分表里如一。在恋爱中，他们同样将这套人生哲学派上用场，即使面对亲密伴侣，纵有柔情一面，指导型也不容易自然表达出来，但其英雄主义却又推动他们自觉地担当伴侣的守卫者，所以其爱情的表现，乃是透过全心全意、一生一世地照顾所爱的人，和不计回报地支持伴侣完成心愿，借此让对方认清自己对爱情的承诺，而不是运用什么甜蜜醉人的浪漫伎俩。

一、以争吵表现情爱

指导型意志坚强，性格极具攻击性和扩张性，无论在任何场合，他们都是一等一的战士，披上铠甲，便会勇敢杀敌。他们不惧怕与人对质，甚至可以说喜好与人作战，通过连场大大小小的战役，他们借以锻炼自己本已强韧无比的斗志更上一层楼。

不单对竞争对手富于挑衅态度，他们对待亲密关系的伴侣也爱用热烈的争吵来激起热情。一方面，这是基于指导型的性格使然，认为事无大小都可以摊开来讨论得一清二楚，将真相弄个明白，他们不会理解欠缺是非标准的情景究竟是怎么一回事。另一方面，他们也想用吵架来探听伴侣的心事和底线。他们自己在心灵上异常强健，也要求伴侣不可过分脆弱，什么都惟命是从。当他们大声咆哮时，他们期望对方也报以铿锵坚定的答复，爱理不理的冷淡响应或一副惊弓之鸟的受伤害模样，会遭到他们的轻视，令他们怒不可遏。"宁愿大吵大闹的争辩，也不要含含糊糊地收场"，是指导型自信与伴侣的正确相处之道。

二、对是否要依存伴侣感到矛盾

在恋爱中，指导型会以贬抑自己的方式投入一段恋情中，他们爱将自己与别人划清界限，知道别人与我的差别，于是他们便可保留相当大程度的自主性，也不需要无时无刻地依赖伴侣。也许对于他们来说，在悉心照顾伴侣的同时，恋爱也是一场要致力维持独立运动的战争。

指导型在恋爱中的烦恼，是不适应别人对自己做出的照料和关怀，尤其是女性，由于在家中和朋友中一直承担着保护弱小的角色，现在要她们反过接受别人的呵护，总是难免会不习惯，好像与自己的身份有冲突似的。指导型为了守护心爱的人，他们对外界有可能威胁到伴侣的危机特别敏感，一旦有什么风声鹤唳，他们敏感的神经便会全部动员起来。若发现有人欺负伴侣，他们就算赴汤蹈火，不惜一切代价也要为深爱的人讨回公道，誓要惩罚那些曾加害于至亲的仇人。因此指导型绝对是能够替伴侣提供最安全护荫的人物，只要有他们在身旁，任何风雨都有他们强健的身躯遮挡着，伴侣实在无须担惊受怕，也决不会彷徨无依。

三、倾向选择较自己弱小的人当伴侣

据观察所见，指导型大部分会选择较自己弱小的人为伴侣。也许他们有自知之明，了解到假若容许一位与自己"旗鼓相当"的人长期身边驻守，恐怕无异于与一个火药库为伴，为此，他们会"向下"寻求一些在某方面力量上次于自己的人士为对象，这里所谓力量含义很广，包括能力、外形、社会地位、经济条件等。

指导型先天地对于权力十分敏感，在团体中，他们很快便嗅到组织成员的权位虚实，孰轻孰重，而且能迅速掌握到达权力核心的途径，以致其中所需要清除的障碍、运用的手段和步骤等，均一一了如指掌。所以可以说，他们终身都离不开掌管

与操控的处境游戏中，而他们也乐于追逐发号施令的力量。纵使一些在组织架构位处不高的指导型，也意会到如何在可能的范围内扩张自己的影响力，夺取想要的目标。因此，在恋爱生活中指导型也不曾想到彻底放弃主导权，他们时常关心自己在亲密关系中是站在强的还是弱的一方，对伴侣和家庭的贡献，是否大得足够让他们理直气壮地提出一些要求，而又保证可获得别人的接纳和首肯。

总结起来，指导型的恋爱风格是这样的：

1.他们拥有非常顽强的生命力，由于精力旺盛，强烈渴求往外界扩张欲望，以致欠缺自制能力，常有欲求过盛的情况出现。

2.指导型总是贪多务实，对喜好的东西最好尽量拥有，他们的宗旨是"要么不要，要么便要全数到手"。

3.厌恶被控制，抗拒守规则，爱破坏秩序。有时他们会建立制度，却又故意将之扰乱，借此打破墨守成规的闷局，却会让人觉得其作风朝三暮四，难以触摸。

4.不能忍受含混的措辞，得过且过的敷衍态度，这会让他们觉得被愚弄。遇到争持不下的情况，他们誓要搞清楚立场，否则绝不罢休。

5.不会回避争执，反而觉得真理越辩越明。他们有时会借吵架表达关怀和爱意，在激烈的言辞背后，希望展示强者的姿态："我是强健而值得信赖的，假如你也像我一般意志顽强，我会非常敬佩你！"

6.忠诚有责任感，正义的守护者。他们愿意一生一世保护所爱的人，不让他饱受外界的风吹雨打。

7.不想承认自己的感情其实也有脆弱的一面。

8.他们很少让自己感情受伤，一旦被伴侣伤害，他们会操纵环境，做出反击。

假如你是指导型，请学会：

1.这个世界不是非黑即白的，世界的价值观总是多种多样，随时可以兼容并包涵而不是互相冲突的。自己的信念虽然正确，但不代表必然要排斥别人的想法。经常在谁对谁错的执著中处理与伴侣的关系，不一定是健康的方式。

2.与伴侣沟通时减少使用带拒绝和否定意味的字眼，运用语言的魔术，言谈措辞肯定而温和，是增进感情的润滑剂。

3.当发现自己愤怒时，立刻中止话题。既然无法遏止怒气，惟有停止对话，方是上策，这样也可以避免火上加油，使关系受损。

假如你的伴侣是指导型，请懂得：

1.以诚实和直接的态度与他交往。隐瞒会被视为是懦弱无能的低劣行径。

2.他或会以攻击性或伤害性的言辞来质询、挑战你，这时你应该保持头脑冷静。指导型虽然性格冲动，但他也很恼怒情绪化和歪曲道理的人，出于意气的针锋相对会让他发疯。

3.欣赏他的热情、勇气、正义感和承担力。

4.要知道他的挑衅很多是出于一时的负面反应而已，过后便会忘得一干二净，因此他的粗暴语言不一定代表恶意中伤或人身攻击，明白这点，就不会那么容易被他击倒。

5.以平常心对待他的咆哮方式，告诉自己："这不过是另一种沟通方法而已。"

9. 调停型：追求和谐爱情

调停型生活的原动力是追求和谐的关系，避免与别人发生冲突。在恋爱中，他们对于那些波折重重、所谓可歌可泣、轰轰烈烈的爱情往往敬而远之，取而代之的是持久、安稳、细水长流的亲密关系。他们不期望两人之间发生什么生离死别的经历以证明情比金坚，只要无风无浪、平平淡淡地共对下去，他们已感到精神上相当满足。

一、善于感应别人的需要

调停型对谁都一样，总是与人为善，他们很会放下自我，轻易与别人融为一体而不会有委屈、失去个性等难受的感觉。除此之外，他们很善于聆听别人的感受，很能体会别人的需要，纵使别人并非将事情之原委和盘托出，他们也可以发挥其同情心，很快便代入别人的处境中。不论是何种立场，调停型也可以不带抗拒地让别人的感情转移进自己的意识领域里。

相对于领会别人的感受，调停型却拙于了解自己的一切，包括自身的想法、理解、意见、感觉、目标等，他们不但对自己模糊，也不懂表达出来，让身边的人充满问号。除非没有选择，他们自然会随遇而安，否则一旦有多个选择，他们便会顿感迷失，觉得每样事物都有其价值，又怎能轻易取舍呢？通常他们在做出选择时，并不认为是自己所选的，而是"事情总是这样发生的了"。

二、以不行动来抗议

调停型对于与人融合、抑或与别人疏离而被漠视两者之间，有很清晰的界线。当他们感觉到自己不是在出于本意的情况下，希望与人在思想或情感上一致，而是被他人胁迫着去谋求与别人的共同性时，他们会一反其素来爱迁就别人的性格，变身为九型人格类型中最固执己见的人物。

与别的类型不同，调停型在反抗时也不会大声咆哮，或与人激烈地争辩，他们表现不满的方式都是消极的，例如不采取行动、不听从别人的意见、阳奉阴违等。假如某项要求让他们心里不舒服，好像一些要打破他们惯性法则的决定，他们都会"无声地"悄悄抵御。

三、伴侣的幸福就是自己的幸福

基于一种粘附过往经验的倾向，调停型不容易展开新的恋情。在每次恋爱中，他们都太容易与人同化，积极扮演着伴侣在生活中的支持者、和应者角色，在投入了大量的心思与感情后，他们自觉已与别人化为不可分割的一体，所以即使两人已经分手，调停型会有一段很长的时间，可能是数年以上，仍然惦挂着前度恋人，会关心他的一切；他们单方面对前度伴侣的感情，就恍如两人仍然在一起般深厚。因此可以说，调停型是十分重情的，他们很难忘记过去恋情带给自己的伤痛，故而很难投入新的感情关系中。

总而言之调停型的恋爱风格是这样的：

1.一旦拥有关系，调停型不会想到分开。亲密关系可以持续多年，就算是两人已分开，他们仍然会非常念旧，很难抛掉过往感情带来的伤痛。

2.能不带妒忌和竞争心去支持、关怀伴侣，以对方的幸福为自己的幸福。

3.因为软弱无力，偶然会逃避承诺，这时会违背他们与人没有距离的本来特性。

4.不善于为自己争斗，故只能采取消极的方法，阳奉阴违、无声抗议来对付别人施加的压力。他们平日虽然一副慵懒不理世事的模样，但在别人使唤他们做这做那时，却会生起反感。

5.不是沟通的高手，不善辞令，不爱宣称自己的主张，宁愿依附伴侣的决定，由于过分欠缺沟通，容易导致误会丛生，但他们却不会察觉。

6.会听对方的话，但未必全神贯注地聆听，或将说话放在心上。他们可能只是装出一个点头应诺的样子，其实是在灵魂出窍。

7.堕入惯性中，执守成见，很难改变他们的心态、思想和行动。

8.欠缺自我认同，希望借着认同伴侣的行为，寻找到自己的身份。

9.不善于自我反省，当有问题发生时，基于自我意识和自尊心不足，他们会以为自己无须负责任。

假如你是调停型，请学会：

1.不要以为自己不应该期待恋爱，因为借着爱情，可以重新唤起你对自己的珍视，而且也可以借此找到自己的方向、角色与位置。

2.不要常常压抑怒气。其实调停型并不是不会愤怒，只是过分自我遗忘而使得他们的气愤不会向外流露，反而向内"回收"。有时大胆地表达自己的激愤情绪，不但可以为自己带来朝气，还可让伴侣明白自己的立场和要求。

3.别刻意将感情收藏，爱在心里口难开，暧暧昧昧的只会让人左猜右想，还会让恋爱关系平淡无味，像是一潭死水般，那又有什么意思呢？故此有机会不妨大胆直率地表白感情，为爱情带来惊喜和生气。

假如你的伴侣是调停型，请懂得：

1.感谢他所做的事，而不是将注意力放在欠缺的事上。

2.不要经常使唤他们做这做那，他们面无表情时，正是表达不满的时候。

3.做一位好听众，帮助他们思考自己想要什么、不想要什么，目标又是什么。

4.欣赏他们的仁慈、有耐性、亲切、善良。

5.鼓励他们说出自己的看法，而不是一味附和认同自己。

6.经常提供一个轻松自在的对话环境，让他们在心灵平静的状态下，愿意放开心胸与你沟通。

7.保证不会因为他们的沉默而离去。调停型欠缺自信心，有时会觉得自己没有留住他人在身边的能耐。

8.温和地提醒他们要负责任的事。调停型有无法辨认事情优先次序的毛病。

第八章

职场中的九型人格

1. 完美型的办公室性格修炼

完美型是楷模，改革者，纯粹主义者，他们由于常常执着于"对与错"，而迷失了自己的目标，令自己错失了生命中更为重要的事情。

完美型重视原则，他们坚信正确和正直的方法，同时也要求工作以无懈可击的方式完成，不管需投入多少时间或精力，他们想让你达到这般境界。

完美型工作时像个优秀的侦察兵，他们谨慎、行为举止得当、有条不紊、准时，并且不辞辛苦。他们注重细节，小心翼翼，而且他们遵循规则。

但同时，完美型也挺讨人厌的：他们四处观察以找出一切不妥的地方——无能的、成果不彰的、混乱的、自怜而佯装不知的、没礼貌的、文法拼写错误的，还有可能最甚者是缺乏价值的，这些现象都令他们厌恶。

完美型是教养极佳的喷火恐龙，他喷出的火焰可能是纯净之火——可以测试你的性情，激发出你的最佳表现；也可能是严惩的地狱之火，在盛怒之下烧得你面目全非。因为他们强力地自我克制，以表现得有礼，当他们的火气一泄而出时，那就像是压抑已久的火山，大部分的完美型甚至不知道自己已狠狠地灼伤了身边的人。

完美型实际而忙碌，他们孜孜不倦以实现许多成就，他们会成为极佳的良师益友。完美型要求对方尽力，也做出最好的计划，为平凡的活动赋予特殊意义，让你自觉参与了光荣而崇高的计划，他们注重各种行动的意义与结果，他们能看穿你的潜力和美德，而他们也要你自己看到。

这些特质使他们成为真正的梦想家，以精确和清晰的眼光将手边的人、计划、关系或困境的解决之道加以理想化，因此，他们能帮你澄清你的工作计划和目标。如果你在计划开始或主持重要会议之前与完美型接触，你会重拾信心。

完美型在最好的状况下，坚持原则而不局限于规则。他们的兴趣将从批评处罚，转移至帮助别人自尊自重，并促使他人有最好的表现。他们会致力于让公司成为恪守公民义务的良好团体，他们感兴趣的议题，包括员工健康及安全、产品品质、与客户交易正当、公司的慈善作为以及参与社区活动等。

完美型是九型人格的良知面。身为忠实的道德理想主义者，他们相信自己之所以做，是因为那是对的，而不是为了金钱或名誉。

当你确定何者为是，同时也自动参考指导原则时，你将轻易地变成自制的完美型人物。

如果你的同事是完美型

完美型最擅于将一切理由归于为了达到更完美的境界、为了公司好、为了团队好、为了工作好，或这样才公平，或这将有助于"造成时势，或你将因此学到有价值的东西并成为更好的人，或他人会因此受惠等等。

不管你怎么做，千万别利用利害关系或及时的利益去说服他，"嘿，没问题，别人都这么做，我们也会奏效的。"这类话等于向大部分完美型高举开战大旗。完美型不认为抄近路可在激烈竞争下立于不败之地，在他们看来这类的妥协是廉价的尝试，既是在要手段又会贬低身份。

要惹怒定型的完美型，最快的办法就是要求他大开例外，这可是场法律对抗公平的古老战役。完美型要求一律平等，但公平则是为正当的特殊案例开例外，这种行为显然欠缺次序，必然使完美型迷惑无助，使他们失去他们熟悉的道德罗盘。

与完美型共事时的注意事项：

在最好的状况下，完美型小心翼翼而努力不懈，他们不求捷径，只希望工作正确地完成；他们井然有序，喜欢利用时程表和明细表；他们用冷漠的眼光看待细节，而所有的完美型都受价值观所驱策。

像只早起鸟儿的完美型，会事先完成任务、计划及报告，生怕迟交或成品不完美；至于那些延迟工作进度的完美型，是因为他的作品尚未达到完美境界；不管是哪一种，完美型的时间性反映了他们追求完美的梦想。

与完美型共事时要注意以下几点：

1.维持礼貌并替人设想，完美型深信礼仪的重要，用些神奇的字眼去软化他：请、谢谢、不客气，大部分完美型喜欢你深受规范的洗礼。

2.准时。完美型致力于遵循时程表，如果你的延迟导致他的延迟，他们可不会立刻原谅你。

3.无伤大雅的幽默会有帮助，当你建议完美型"相信过程"或"跟着流行走"时，记得微笑！

4.真心地承认自己的错误或找出你确实误入歧途的地方，完美型所指出的错误通常是对的（狭义而言），大部分完美型在对方承认错误后，都能原谅别人，除非错误来自于你的坏习惯，例如你的冷漠、混乱或不好的动机、掩饰或暗中操纵，这些可就难以得到他们的宽恕了。

5.依规则行事。完美型喜欢将任务及报告结构化及定义化，如果你是他的上司，向他解释你希望事情如何完成如果你的老板是完美型，找出他希望的方式，并一丝不苟地遵照办理。

6.与其跟完美型意见相左，不如问他"假使如何如何该怎么办？"这类问题，可制造出享乐型环境（公然反对完美型只会使他们更坚持己见，因为他觉得你在质疑他的价值）。

7.当你觉得他吹毛求疵，提醒自己完美型的他只是想帮忙而已。

8.在指责完美型员工前，先征求他的同意。"现在适合讨论我和你在工作上的问题吗？"完美型不太能接受批评，但喜欢被认可。

如果你自己是完美型

一、改变对"对与错"的固执

完美型认为别人犯错时，会要求对方道歉，才可以原谅。这样不但影响了与他人的关系，也阻碍了完成自己的目标及错失时机。

完美型经常喜欢说：这是他的错。是他的问题，多么方便的说法——对方错了，而我是对的，所以只有对方需要改变，而我没有其他办法。这也意味着对方才有改正进步的空间，而我没有。如果对方不改变，我们就不能再相处下去了。这些想法都限制了完美型的进步及发展空间。

苦苦地硬撑着错与对，究竟为了什么？过去的已经成为事实，"对与错"并不会改变事情的结果，重要的是你的下一步，你想要什么，清晰你的目标，别再错失下一个人生的目标。

二、改变你的行为

如果你是完美型，你要做一个榜样，别做批评家。记得你所说的许多话都带有吹毛求疵的意味，即使你也许不这么认为。

你可以把心目中完美的景象及你对错误的理解当作指导方针，但别让它们成为束缚。大发一场脾气吧！你所有情绪、批评和怨恨之所以被你压抑下来，是因为你不接受这些情绪；但相反地，这些情绪却因此而妨碍你，当感情被抑制时，反倒让你看起来比实际更生气。

你要追求的是正确还是应急？你想批评就大肆批评吧！但假使你的上司认为你是在批评他，想晋身参与内部会议的计划就省省吧！工作不是审判，没有人会想激怒身旁的道德家或法官的。

作为完美型要学会原谅自己，学习掌握"够好了"的积极意义，勿管他人闲事，责任负荷太重时不妨休个假。

2. 给予型的办公室性格修炼

给予型是守护神，权力背后的力量，雪中送炭者。他们崇尚以"人"为中心，对他们而言，每一笔生意都是人的生意。他们的信条就是没有所谓的事业，只有人。

给予型瞄准周遭每个人在情感上的需求——包括他的上司、同事或客户——然后敏捷、冷静、专精地响应，他们是优秀而有先见之明的秘书或私人助理，或是与人共鸣、培育提拔属下的上司，给予型认为自己是王冠背后的力量，而实际上他们的确名副其实。

给予型是计划或组织中真诚的守护天使，他们负责任、立场坚定而且可靠，他们真心地发出共鸣，将自己的生活建筑在相关的人身上，他们会注意到周遭有人感情受挫，也知道该如何去抚平他人的创伤，他们也能察觉同事间潜在的憎恨，并能有技巧地化解。

对于自身的利益，给予型不会直接要求太多，不过那只是他的圈套；给予型相信在他巧妙地满足你的需求后，他们的需求也会被巧妙地满足。给予型身操控制大权，但一切都只是为了你好。

给予型是说服他人的高手，只是你会觉得他传达给你的是令人愉悦的信息。面对那些与他们连成一气的人，他们会说，"你的愿望就是我的命令。"

给予型是"运用自如的缓和剂"，他们能与各种不同层面的人融洽相处，在不同的场合，以不同的面貌亲近不同的人，而给予型自称他们的每一种面貌都是诚挚而恳切的。给予型可能以魅力和奉承来征服上司，但在属下面前却像个出众的主唱，对大部分的给予型而言，这两种角色他都感到真诚而迫切。

给予型在工作上是快活而爱施小惠的专家，他们赏识别人的方式正是他们渴望被赏识的方式，他们会记得生日、结婚纪念日和其他特殊场合，并且会写卡片祝贺生日和升职，在他们组织下的办公室，不时堆满礼物和贺卡。给予型也擅于迅速表达感激，这也正是他希望你对他做的事。

如果你的同事是给予型

与给予型共事，最有效的方法就是强调彼此的关系，或表明需要私下的支持。注意这个事实：你的命运是如此地与给予型纠结缠绕，而计划的成功与否又是如此地仰仗给予型以及他们在幕后运用自如的权力。

在你们的讨论中，强调你的计划对人所产生的效果，尤其是那些给予型认为重要的特殊人物。避免用逻辑式的争论去说服他，无论处于何种情况下，最好注意到规则是值得改变的，因为真实的人与感情都有牵涉在其中。

与给予型共事时的注意事项：

慷慨地说出你的赞美、认同、爱意及赏识，在给予型小心地表露的同时，他们也渴望别人诚心赞赏他高明的交际手腕、无私的真心，以及无穷的服务欲望。当他们击中目标时，让他们知道，"哇，这正是我需要的！""我喜欢这种方式！""跟我希望的一模一样！"

如果你是那种认为做好份内工作是不须赞赏的人，你必须明白给予型的活力泉源来自于情绪上的喝彩；当他们应得的报酬受到抑制，他们会怀恨在心。如果你把给予型视为当然，那你是无药可救了。

永远别羞辱给予型，他们畏惧羞辱。我们可以把批评夹在两片厚层的赞美面包片中。恫吓给予型或牵着他的鼻子走，无异是在招揽灾难。给予型是非凡的权力专家，他们虽然会忍受上司表面上的恫吓威风，但他们可不吃这一套。

别哭哭啼啼，直接说出你真正的需求。给予型能完善地回应需求，需求使他们洋洋得意，在某方面，他们可能比你更清楚如何满足你的这些需求。他们是天生的护士，擅长按病情的轻重缓急分送救治，当大祸临头时，他们知道如何安排事情的优先次序，并且总是能保持冷静。

与他保持私人关系。对给予型最受用的话是，"没有你，我根本做不出来。"而最不受用的话是，"拜托！我还不如自己做。"给予型会感激你存入他"人情银行"的每一分钱，当你为他扩张了影响力的范围时，他也不会忘记。

当你看到给予型在工作时交际，千万别惊慌，这是他们重新充电，或者甚至是完成工作的方式，给予型知道与人接触是他们的重任之一。

如果你自己是给予型

请试着做到以下几点：

1.将你传奇式的同情心转向自己：自己真正的需求是什么？谁才真的举足轻重？花点时间找出自己内心的感觉、真正的兴趣、立场和欲望，这可能意味着你要探索自己的内心世界，并独自度过一些时光。

2.退后一步吧！别再干涉了！有时人们必须解决自己的问

题，并保有属于自己的空间；小心你把别人的问题当作自己问题的习性，这个人可能不需要你来拯救，别过分强调自己，搞清楚自己责任的界限。

3.其他人不是给予型，他们无法像你预见他人需求般地预见到你的需要，向他们提出你的需求，也许并不像表面上那样的难堪。

4.停止摆布他人，在环境中看出自身的重要性，并接受自己真正的需求。

5.明确主题，而不只是一味地大谈"人"的议题。给予型习惯性认为问题在于人，有时，那正是工作无法完成的原因。

6.学会不打折扣地接受赞美。

7.直率地处理，别搞小动作。你要相信自己值得特殊对待，这才配得上你的特殊关系，但这只会使你以欺诈的方式得到想要的东西。

3. 实践型的办公室性格修炼

实践型是改革家，动力激发者，管理者，事业有成者，他们是团队的领袖，却也经常是对抗官僚制度的叛乱分子。他们的主要目标是当个名闻遐迩的胜利者，而他内心最深的恐惧是被贴上失败者的标签。

实践型在他们的工作场所中，闪耀着炫目的光芒。他们渴望堆积如山的成就，而且他们要受人瞩目。即使实践型是典型苦干实干的工作狂，他们也非常在意形象，而且为此付出不少努力，执意让自己以胜利者魅力无比的姿态出现在世界上。

实践型对行动有特殊偏好，他们是实用主义者，他们知道事情如何运作，也知道成功的代价。对实践型而言，生活和工作便是抱持目标，做该做的事，以达成目标，面对半路上的障碍，借助各种手段去应付，直到全速向前冲去，撕裂终点线的布条。

对实践型而言，生活及工作的本质便是一个充满竞争的企业，而实践型对竞争从不拘谨，这才是竞争的目的。

实践型喜欢为自己的工作负责，但他们极需一个规则清楚、计分方法健全的游戏，以了解自己的表现如何。实践型一向清楚胜利为何，但他仍为胜利下了如此的定义：名誉、升官、影响力、进入高级管理层，或因提供出乎意料的品质服务、删减成本、优良的管理，或甚至因建立人性化的工作环境，而声名鹊起。不管是何种游戏，实践型都知道该怎么玩。

实践型工作效率高，使他们的伙伴们望尘莫及。在速度占重要地位而无伤大雅的错误是可以容忍的工作环境里，或当延误比犯错更不可弥补时，实践型特别有效率。如果他们真的犯错或冒犯了你，大部分的实践型会乐意在下次的交易中弥补你。

实践型注重解决之道，而非问题本身，因为他们是天生的"试用者"，他们了解失败乃成功之母，这当然是伟大而崇高的真理。

实践型深深地鼓动人心，因为他们愿意大胆尝试：他们出现在竞技场上，查出胜利所付出的代价为何，然后放手去做。他们的活力深具传染力，激发着周围的人。实践型不怕犯错，也不怕看起来愚蠢，只要这么做能使游戏有所进展。

如果你的同事是实践型

影响实践型的秘诀是向他证明你全力投入于手边工作。想影响实践型，你得让他知道结局为何，此外，不妨也让他知道你的期望，这有利于助长他的野心，实践型要的是成果，而且愈快得到愈好。

与实践型共事时的注意事项：

除非你约他见面，你不可能吸引得了他的注意力，别想突然造访他的办公室与他闲聊。事先准备并组织，如此你才能一针见血。别浪费实践型的时间，直接切入重点，给他执行的摘要，你可以附上辅助资料，但别把它摆在非读不可的位置；强调结果与行动要点。

别中途打断工作中的实践型，"别打断我的注意力！"实践型会这么说，"那让我发狂！"紧跟着计划走，站在起跑点上，别当他的累赘。

说到做到，实践型承担义务，你也该如此；实践型擅长执行；如果你执意在他们最关心的领域中当个骑士，你会尝到后果的；坚持到底吧！

为成功设定清晰的目标和条件，实践型喜欢知道游戏是公平的，别在游戏进行一半时，不经解释就改变规则。

实践型要知道他们的努力受到注意及奖励，他们喜欢清楚的回响，尤其爱听人称赞他们做得很好，而那也正是他们努力的原因。

实践型喜欢短程计划及截止时间，为了获得回应，他们也可以忍受合理的停歇，但他们厌恶进度被不明确的期望及责任无止境地拖延。别以为实践型在工作顺利完成时，会在情绪上失控，工作顺利完成是他们预料中的事。

当你与实践型之间的关系产生问题时，让他知道更平顺的工作关系有助于达到他的目标，他不太可能听从那些要求他更感性而少驱策的劝告。相反，对他说："你知道的，我想我们可能有些误会而阻碍了工作，我们能花十分钟找出问题所在吗？"

别跟实践型竞争，共同合作吧！除非你是他们的对手，如果如此，确定让自己具有明显的竞争优势。

如果你自己是实践型

请试着做到以下几点：

1.你必须知道你的性格和你的作为之间是有所差异的，要学着分辨它。别鲁莽行事，停下来看看；注意你主动插手一切的倾向，不管那是不是好主意，退后一步，偶然也让人领先一次吧。

2.关心别人的需求与建议也是你工作中的一部分。你眼睛盯着奖品、渴望破浪前进，但别人却忧心忡忡裹足不前，你如何能满足他们追求稳定、安全的需求呢?

3.在你的日程安排中，为别人留些时间。不是实践型的员工，未必知道他们必须提出要求才排得进你的行程，教育他们，不只是说："我很忙，走开！"而是说："我现在很忙，但我明天四点有空。"

4.让自己顺应时间和自然规律，别老是全力向前冲刺；吃不下这么多就别咬太大块。注意你太快结束，以及先承诺、之后再吃力解决的习性，在你向前快速冲刺时，自问是否该更谨慎些。

5.力行诚实，真相将解放你；注意你惯于润饰的倾向，尤其润饰你在他人面前的形象，就算你赢了激烈的竞争，你仍是一只小老鼠，何必呢?

6.别为了渴望工作而感到不好意思，只要那是你自己想做而非被迫选择，实践型都会长期努力工作；在工作时，实践型总是全力以赴。

4. 浪漫型的办公室性格修炼

浪漫型是具有自我风格的导演，个人主义者，时髦主义者，创作家。生命对他们而言，不是理性的过程，事业也不是；生命是去发掘自己，事业更是如此。

如果给予型是向外张望而"为别人而活的人"，那么浪漫型刚好相反：他们是时时内省、能够掌控心灵的热情浪漫者。他们具有深切的情感、丰富的创造力及杰出的自我表现，这是浪漫型的基本特点。

这些特质自然而然地使浪漫型致力于各种艺术活动中，他们通常是制作人、设计家、演员、艺术家、作家及经销商、顾问和评论家，但他们也可能是具备特殊才能的律师、官员及管理顾问，而他们热情、敏感且诗意的风格通常使他们显得鹤立鸡群。

浪漫型是以自我兴趣及梦想为中心的人，喜欢眼光向内，探索自己内在丰富的感情世界，这个特质使得浪漫型往往具有某方面的天赋。

大部分浪漫型，拥有惊人的才干，做事情常常达到艺术境界，那足以让我们其他人自觉低俗而粗野。一点也不稀奇，浪漫型打扮最独特，与给予型以甜美或诱惑的装扮取悦他人，以及为成功而打扮不同，浪漫型通常是时尚的领导者。

不论浪漫型拥有多大的天赋及技能，他们通常还是受情绪驱动的，那些排山倒海而来的情绪，经常会使人摸不着头脑。

浪漫型注重内在感受的性情，在适当的环境下，可成为创造力的源泉，但许多浪漫型却经历了更严重的情感危机：麻木的消沉，创造力完全丧失，只留下无尽的绝望。

浪漫型为达成目标满怀热情，手腕强势，他们可以把自己塑造成大胆的主管（或员工）。他们明白自己想要什么，而且坚持去争取，他们从不羞怯于表达内心的声音，而且忠于自己的感受。

如果你的同事是浪漫型

虽然他们在戏剧方面的品位和健谈使他们看起来外向，但就严格定义来看，浪漫型其实是内向的人。也就是说，他们观察判断这个现实世界是从自己内心的体验出发的，关注的焦点在于自己的创造力及情绪的本能驱动。世故老练的浪漫型清楚，当他们表达感情或为自己的立场辩护时，有时太过极端了，这些浪漫型明白，他们偶尔也需要别人拉他们一把。

与浪漫型共事时的注意事项：

浪漫型喜欢过程，而不喜欢严苛的目标；与他沟通时，你可以对他说，"为我画出前景吧！"或者说，"告诉我事情大概"，但别说，"说事实就好"，注意要给浪漫型机会去传达重要的印象主义题材。

当你提供他甜头时，小心点，别以为用金钱或额外奖金就能劝退浪漫型放弃他的梦想；如果你说，"照我的方式做，迅速而不择手段，你会得到大笔红利的。"你将毫无收获。

尊重浪漫型独特的深度与洞察力（浪漫型通常不需要靠他人来感觉自己特别，但他喜欢被赞扬）。如果你想要他好好努力工作，让他知道这个计划需要他个人的参与，在计划上大幅信赖他的狂热，只要你让计划变得私人性，浪漫型会让它成功。

别小看浪漫型的情感，永远别说，"你怎么能这么想？"也永远别对浪漫型叫嚣"快乐起来！"或"往好的一面看！"或者也别对他建议某件事"没什么大不了的！"那只会让浪漫型把自己紧紧地封锁在自我感情世界里。

与浪漫型产生共鸣，而不是去帮他。给予型愉悦的领导风格只会为浪漫型带来压力；给浪漫型答案，还不如给他表现自我的机会。

如果你自己是浪漫型

请试着做到以下几点：

1.不要任性而为，学着去指挥感情，而不要成为感情的奴隶；传达你的感情，但别用行动来发泄感情。你可以说，"听着，我必须点出几个感觉强烈的地方。"你甚至可以选择将一些感情留给自己。

2.在某种意义上，珍惜自己感觉的浪漫型需要强烈的情绪以确定自己的重要性。下次，当你快屈服于自己的情绪时，问自己为何如此？是习惯使然吗？你在逃避什么？平凡，还是世俗责任？你的工作完成了吗？你选择失去的又是什么？

3.永远别放弃，绝望使浪漫型蒙上阴影，何不抗争到底，看看坚持下去结果将如何？

4.尽量别让自己陷于焦虑之中，活动你的身体，这对任何人都是好建议，东方药物学及西方生物学都告诉我们，消沉使能量循环衰弱，而运动是对付消沉的最佳良药。

5.别把每件事都个人化。你是否在批评同事缺乏深度的过程中，抹煞他们真正的贡献呢？

6.在工作过程中，你把哪些艰苦的事留给别人处理？多做实事将为直觉和艺术提供踏实的跳板。

7.别把妥协与正当的付出回馈混为一谈，同时拥有协力合作和分析现实的能力，这能使你的计划更加强稳。

5. 观察型的办公室性格修炼

　　观察型是思考家、导师、哲人、思想锻造者、哲学家，他们渴望预知未来，采取的方式是预览：先用真空吸尘器吸起原始资料，再事先把事情料想一遍。世界是残酷的，他们力图使世界在自己的眼中变得清晰、严谨起来。

　　观察型是十分重视隐私而敏感的人，他们内心世界极具想象力、目中无人，而且灵巧敏捷，以威吓、有时还令人生畏的手腕掌控他们的主题、计划或公司。这种知性的控制使他们成为魅力无穷的良师，他们是见解和咨询的金矿，是无法接近的隐士。无论是贮存或消耗，咨询在观察型王国里被视为珍宝，观察型是九型人格中的智者，是处理秘密的内行人，他们珍藏自己的秘密，不管是学术上的事实、技术程序、部门政策、公司内部构架或是对手的弱点。

观察型费心于严密地掌控他们的世界，但却采取遥控的方式——在一段距离以外，这样既没有风险又没有义务，他们逃避生命中的牵累，包括义务与需求、善变的感情与热切，也就是可能让他们受人责备的种种一切。

所有的观察型将自己的魔力隐藏在巧妙的伪装下，他们伪装的可能是无足轻重的小人物（尤其在科技领域下的观察型），可能是刁钻聪明的主管，也可能是无趣单调的官僚；观察型有时也将自己隐藏于外向而魅力十足的外貌下，他们可能是精力旺盛的企业家，或是亲切的好好先生，只要这样的伪装能发挥保护的功能。

观察型经常意外地以公司主管的形象出现，他们因具有科学家或专家的潜质，再加上谋策大师的性情，一路高升。观察型的专长是将沉默而易受伤的本性伪装，隐藏于巧妙设计出的个性背后。

观察型渴望预知未来，而他们采取的方式是预览：先收集各种原始资料，再事先把事情料想一遍。

对观察型而言，提早准备并检视每日经验是一项值得深深敬重的壮举，当其他人可能一头栽入事件之中，并且毫不停歇地奔波至下一桩事件时，进化后的观察型早已预先料想，然后享受经验，就像喝一杯好茶似的，慢慢品味生活点滴。

如果你的同事是观察型

观察型实际上内心是极度敏感的，并且非常注意别人的需求，然而他们也很怕被说服去做自己不想做的事，当你对某个想法表现热情时，很可能只会招来他本能的拒绝。

与观察型共事时的注意事项：

会议可能令观察型头痛，开会前尽量提供他们足够的信息：会议将讨论些什么？有谁参加？哪些事必须下决定？如果可能的话，观察型喜欢在会议后下决定。

观察型喜欢内幕消息，他们渴望拥有那些独家消息使他们占优势或拥有敏锐的洞察力，这与实践型的"竞争优势"在精神上有异曲同工之妙。对于辅助资料的占有不厌其多，观察型喜欢细节，你觉得无关紧要的细节，可能恰恰是观察型所重视的事实依据。

如果你超过共识的界限或者触犯到观察型的疆界去刺探信息，观察型可能和你绕圈子。保持率直、适度和精确，别刺探！在交谈中别不给他留适度的空间，一名观察型在沉思被打断时咆哮着："我在思考，你从不思考吗？"

观察型需要隐私。在我提供咨询的某公司里，有个被分配到一间小办公室的观察型，在接重要电话时会躲进桌子底下。当你与观察型会面时，关上门，推掉所有的电话，尤其当你们讨论的是机密大事时，为他在精神上建立一块安全的空间，建筑一个属于你们两人的茧。

如果你自己是观察型

你要做到以下几点：

1.在工作的世界里需要通力合作，与重视生产的人排成一列吧，这样你才能实现自己的想法。

2.检视你的沟通方式对他人产生了什么样的效果，你可能认为自己所提供的见解和事实虽然含混模糊，但却是非常有帮助的；在他人眼里，你可能像个外表谦逊、骨子里自大且自认博学的人。

3.首先冒险表达你的立场，让别人支持你。然后冒险表达你的全部立场，别人无法读出你心中的一切，至少达不到你所要求的程度。

4.别总是安全而隐秘地行事，考虑更勇敢的选择——让别人了解你真正的感情及想法——这未必不是更好的选择。

5.听听别人的吧！试着改掉在别人说话时，思考自己要讲些什么的毛病。审视自己是否忽略了人为的因素，甚至在主观上就对人为因素怀有轻蔑的态度，当心你这种态度可能导致与计划相反的效果。

6.学习秘密与隐私之间的差异，保有自己的隐私是适当的，但你不需要将一切保密。与你的上司和工作伙伴达成共识，向他们述说你的疆界、需求、计划，即使他们摇摆不定。在适当的时机下，努力让大家知道，别只是一句话也不解释便消失无踪。

7.让你的同事知道你是团队的一员，而你也支持团队共同的目标，你更希望自己能对团队有所帮助；让他们知道你何时有空，以及你乐意参与的方式。问他们："你们还需要知道什么？"

6. 忠诚型的办公室性格修炼

忠诚型是忠实的怀疑者，魔鬼的拥护者，坚信真相者。为了在处处充斥着阴谋和险恶地雷的环境中求生存，他们必须保持勇敢。他们致力于确切地理解事情的真相，并将之昭告天下。

忠诚型是几种类型中的守门员，是极度警觉的守卫高手，他们害怕自己人得分的程度，不亚于害怕被敌队得分。他们不停地防备真正或假想的威胁，挖掘表面下进行的一切；这刚好与实践型完全相反，实践型相信眼见的一切就是事实。但忠诚型知道，隐藏的动机和未说出口的议题，才是真正驱策言行的因子。即使他们未必清楚自己对抗的是什么，忠诚型依然未雨绸缪，做好一切防范，反正这么做也无伤大雅。

对忠诚型而言，担心，不只是个安全检查网，它更像块试金石、一个自动导向安全装置。的确，不担忧反倒令忠诚型不知所措。就像圣战中高尚的武士，忠诚型打的是一场美好的战役，他们忠于朋友，并尽忠职守，但他们特别担心他们的领袖：他是否滥用权威？是否不公？是否自私自利或无能？他会照料我们吗？忠诚型若非全心全意信任领袖，便是害怕自己被欺骗而深深苦恼着。

有些忠诚型在外表上可能未必表现出担忧的神色，或者丝毫不觉得忧虑，这种忠诚型以随和而温馨怀柔的态度，试图再度确认潜在的危险人物，并设法解除对方的武装（那可能是权威人士、顾客、员工或竞争对手）。忠诚型为灾难或可能从不会发生的偶发事件过度操心。不管他们以何种面貌出现，所有的忠诚型心里都焦虑忧愁，也不管他们的性情如何，忠诚型天生会想象出各种最糟状况。

最高明的忠诚型担忧细节及个别项目，他们专注、可靠而且负责，他们再三反复思考的倾向，使他们保持清楚而富有逻辑的头脑，深思熟虑正是做出复杂决定的前提，那需要参考大量的资讯、意见和信息。天生抱持怀疑论而深具洞察力的忠诚型，能提供出色而富有建设性的评估，以及充满想象力的展望。

最优秀的忠诚型对自己的经验及能力深具信心，但负面的忠诚型，只是表露出愚忠——不加考虑地听从或粗心大意地反对他的领导人。

毋庸置疑，想让忠诚型接纳你的方式的最佳妙方，便是将你的计划中现有或潜在的问题及危险，以及你打算回应的方式，清楚并系统化地摊开在他面前，这可让忠诚型感觉你对事件处理的优先次序清楚明了，而且你跟他一样担心大家会被你拖下水。

与忠诚型共事时的注意事项：

说话算话，让忠诚型觉得你信守诺言，而且值得依赖，这是最能与他建立关系的方法了；重视承诺，然后严格履行承诺，忠诚型特别重视你的言行是否一致。

别指望你会立刻获得忠诚型的信任，信任几乎总是随时间而建立，忠诚型会观望你是否遵守协定而决定是否信任你，即使那只是微不足道的协定。

在正面见解发布完之后，适当冷静地兼顾到负面的想法吧！忠诚型最怕未经详查的狂热，不管何人何事，甚至你对他完全正面赞扬，都会让他怀疑你讨好他的意图是什么。

别对忠诚型的畏惧嗤之以鼻，也别对他再三打包票。永远别对忠诚型说"别担心！"

重申事实。如果你与忠诚型共事，当你受到他必然的怀疑攻击时，想办法引导他审查现实，不管面临的是何种问题，平静地提醒他你是如何做到的，重申台面上的协定、风险的本质以及首要动机。

拓宽忠诚型的视野，而不去否定他的假设："是啊！那些事项的确需要注意，但为了保险起见，我们是不是也该将这笔生意达成的可能性考虑进去？"以及"是啊！那可能是他的意思，但你知道的，在他们行业里，这可能表示他已经准备好付钱了。"

规划一个清楚的计划，将应变的退路纳入其中，忠诚型不喜欢意外，他要安全和可预料的结果，他们更要辅助的资料和详细的清单。

当忠诚型将他的考虑坦白时，你行动的好时机可就来了，千万别否定他，承认他认为的那项错误的确是错误，那么他就不会将那些不是你犯下的错误责怪于你。"是的，老板，我承认那的确很糟。"然后你可以转开话题："我们可以这样弥补。"

如果你自己是忠诚型

你要做到以下几点：

1.建立自我权威！有些忠诚型会假设他的领导人知道所有的答案，而自己一无所知，用此来回避怀疑的痛苦，忠诚型需要寻找自我权威。

2.练习你的信任感！只要你愿意去寻找信任别人的方法（而不是无法信任的方法），你会找到的；"信任的过程"——而非寻找这个世界是否值得信任的事实——会使忠诚型有重大转变。

3.运用你的技巧指出问题及陷阱所在，带着乐于助人的心致力其中吧，别让自己在害怕之余被迫行事。

4.学会赞美。忠诚型不太会处理感激，顽固的忠诚型以为，如果他们赞美别人，便会被别人解决掉。

5.澄清你的正面目标，防止自己的注意力仅仅聚焦于可能出错的地方。

6.培养自己的冒险精神，如果认为所有可能反对的理由都应该先被否定，那就没什么好尝试的了！

7. 享乐型的办公室性格修炼

　　享乐型是想象家，计划者，多面手，乐观主义者。他们喜欢尝试新东西，不计后果地去经历一切。他们能在组织外及他们专精的领域外，想出别出心裁或嬉戏玩闹的提议。

　　享乐型是个能言善道，机智迷人的鉴赏家，特别标榜权宜之下临时拼凑而来的生活。

　　对未来永持乐观看法的享乐型，是九型人格中最善于从每件事中提出新见解的一群。他们不停地送出试验气球，这个气球飞不起来，一定还有别的能飞！

　　享乐型是多焦点的，他们同时从多方着手，而且毫不设限，同时追寻各种路线。享乐型可能因为多方涉猎、浅尝即止而闻名，他们是永远长不大的孩子。他们毕业后将变成博学多才的人，能看到一切事物之间的真正关联，也能激发其他人看到所有可能的状况。

但在他们到达这种境界之前，虽然他们闯劲十足，不断革新，但也相当肤浅，他们只触及表面的习性，这意味着他们对探索自我内在生活及精神力量方面了无兴趣。

自然而然，享乐型习惯逃避朝九晚五的苦差事。"为何要献身于事业？我的生命就是我的事业！"一般而言，他们会走上一条不同寻常而非直线形的职业道路，他们自由行动并征求他人意见。当置身于大型机构时，他们会成为内部的小企业家，喜欢靠自己的技艺及机智来生存，热爱以智取胜的规则，而且以夸耀自己的实力为乐。

享乐型是以情感为导向的给予型在精神上的版本，两种类型都是九型人格中最喜欢自己的一群——给予型为自己所提供的完美友谊和支持系统深以为傲，而享乐型则为自己的概念分明和聪明伶俐而沾沾自喜。

享乐型不会怀恨在心，也不会在比赛中计算自己的得分，但他们也不太可能待到游戏结束、成绩揭晓时。享乐型是理想主义者，在最好的状况下，他们会真诚地为社区及整个地球贡献心力。

如果你的同事是享乐型

想影响耳根子软的享乐型并不困难，只要你提出一个能挑起他冒险欲望的点子，并提议如何付诸行动，你绝对能得到你想要的；但记得享乐型是九型人格中最喜欢把责任落在他人身上的一群。完美型和忠诚型可能可以与享乐型融洽相处，他们会欣赏享乐型的原创力，而且，只要他们自己的顾虑被顾及，他们不太介意承担享乐型闪避的责任。

与享乐型共事时的注意事项：

准备面对快速的付出与回报吧！享乐型讲话速度快，并绕着周围的每个人思考，你必须知道他所谈的仅代表可能，而非承诺，如果你想要他承诺，让他白纸黑字写下来，握手或他那享乐型式的咧嘴微笑是不够的。

与梦想并肩站吧！让享乐型与你分享他的展望和热情，享乐型希望别人支持他们，别太快评断或专注于细节吹毛求疵，你会剪掉他们的翅膀。

激发享乐型的最好办法，是提出无数的问题，享乐型喜欢假设和回答。让享乐型知道他们的梦想如何实现，他们不喜欢自己动手做单调无趣的工作，如果可能的话，允许他们找帮手。

在截止日期以及限制的设立上，坚持不让步，借此来帮助享乐型成为容器而不只是筛子，但你千万别施展强硬的权威，那只会吓坏享乐型，跟他共同订定协议吧！

　　将你的问题提出来与享乐型共同分担，而不只是暗自焦虑或判断，享乐型喜欢参与过程，你的问题，在他们眼中可能是个有趣的机会。

　　你必须了解，享乐型设定的工作内容可能含糊而重复，如果你希望享乐型当个不推诿、肯负责任的长官，一定要对他说清楚任务、责任及后果。

如果你自己是享乐型

请尝试做到以下几点：

　　1.问问自己，这个计划潜在的问题在哪里？然后找个办法解决它。事先思考结局，如果你在谈生意，你可能必须限制自己的选项。

　　2.少做承诺，享乐型习惯过度承诺，因为他们当时不想让别人失望。脑袋中出现的第一个想法，不一定都要表达出来。

　　3.找个利于你观察的稳固位置，为维持热情，享乐型往往需要一个依托点——可能是家庭或工作。

　　4.学着为你的选择坚持到底，而不只是在其中游移不定。

　　5.抑制你嘲笑他人、漫不经心地对待人，或要求别人快活的倾向，当你发现自己这么做时告诉自己你的偏执狂又开始发作了，你到底在害怕什么？

　　6.注意你将一切合理化的倾向，以及你为失败及违反伦常强作解释的倾向。

7.立刻工作！坐下来，实现你的承诺，培养自律的习惯，条理分明，将手上正在进行的事项按照轻重缓急列等级。

8.发挥你了不起的享乐型天赋：提出许许多多的问题，创造选择性，预测未来，让大家兴致盎然。

8. 指导型的办公室性格修炼

　　指导型是尊长，领袖，老板，大企业家，挑战者，冠军。在他们混乱的世界中，只有强者才能生存，他们受环境所迫，随时磨砺自己的战斗技艺。他们年纪轻轻就学会了让自己如钢铁般坚强，以对抗任何脆弱的情感。

　　指导型散发着"野性的魅力"，他们可能极富吸引力、招摇华丽，而且带着英雄色彩，渴求着世俗欢愉及感官的放纵。天生就是个主导者，而且无畏于下命令的指导型是家长、是山大王、是九型人格中的至尊，指导型非常乐意对人、市场、环境或事件造成冲击，他们不怕受攻击也不怕负责任，他们在开始时不太克制，而在事情发生后，也不会有良心上的苛责。

　　对指导型而言，这个世界是一场权力游戏，既明了又简单；重点是谁拥有权力，如果权力不在指导型手上，他们会去追求；等指导型真的拥有权力，他们会运用权力来实现自己的欲望、保卫手下，并支持弱者和被蹂躏者。虽然他们也能获得大的成就，但指导型与其说是受目标或成就所驱使，还不如说是受权力所支配。

指导型会建立权力的基地，那可能是政治机构、跨国多媒体联合大企业或军队，这些基地使他们的行动坚持正义或拥抱邪恶，但他们主要的驱策力还是来自于组织及权力的有效运用。

指导型喜欢运用自己的力量，这是分辨指导型和其他刚好握有大权者的好方法：指导型在统治时，不怕受到批判，也不怕报应，更不会受意外的结果所迷惑。他们喜欢直接而自然地表露权力，绝对不模棱两可，举止优雅而高尚。

指导型充满驱策力和精力，世俗魅力过剩，他们经常富有幽默感，这使他们跻身于九型人格中最受欢迎的类型之列，当其他人深陷于矛盾和不安之中时，不得不惊叹指导型的豁达，你很容易为他深深着迷。

如果你的同事是指导型

指导型讨厌自己在某方面疏于准备，他们宁愿别人认为他们准备得太过周到，最高明的指导型会从经验中学到教训。在许多情况下，他们常常对许多重要的细节视而不见，因此他们会对信赖的人给他们适时的提醒非常感激。

与指导型共事时的注意事项：

指导型喜欢快速而直接地获得消息，别跟他闲扯，也别为事实润色。更别发牢骚！指导型不喜欢听你的借口，他要的是结果。

指导型需要尊重，他们跟给予型很像，只是给予型要你尊重他不可或缺的贡献，而指导型要你将他视为重量级人物，他可不想成为别人眼中无用的职员。

当你被指导型当面痛责，别只是对骂回去，大胆地抵抗他并不能提高赌注，那只会使他们不得不采取报复行动，承认他的力量，同时也承认你自己的。

千万别对指导型说他无法做到，当他们执意着手时，你这么说等于在把炙热的岩浆浇在自己头上。用清楚明朗的措辞解释你的问题，指导型无法忍受细微的区别，他们也不喜欢哲学式的深奥言辞。

尽可能保持强悍，当指导型搞砸事情或逼得你发疯时，他宁可你直接而粗鲁地告诉他们，也不愿你忍气吞声。冷战令他们无法忍受，而沉默更会增加他们的压力，最好向他把一切说开，然后彼此忘怀，指导型不喜欢在这种情况下积怨在心。

指导型喜欢掌控他们的地盘，而且他们天性试图对外扩张领域，如果你不想让你的指导型属下一点一滴地侵袭你的领土，为他设定清晰的限制并准备好反复试探他（只要他是指导型，他绝对忍不住的）。

如果你自己是指导型

当你是指导型时，你应该做到以下几点：

1.多聆听和与别人协商，让自己成为更有力量的指导型。在你出手干涉以前，先让别人把话说完，同时对他们的见解给予应得的鼓励。

2.感觉被压榨跟真正被压榨是不同的，制止自己报复的冲动，等到你审视情况过后再下手。别太快断了自己的后路，失去的会重新获得的，惹怒你的人需要为他们犯下的每一个错误而付出代价，也许你仍有可能从他身上得到对你有利的东西。

3.对许多人而言，你的威胁、激烈的长篇大论和火爆的脾气只代表没有效率，不管这些行为在你眼中是多么的有趣。特别注意被你威胁的对象有哪些行为实际上令你满意。

4.别假设你的闯入没有关系，相反，寻求许可，圆滑点："我能进来吗？我可以提个建议吗？"聆听回应，在你侵犯规则前，先了解你侵犯的规则是什么。

5.找出招揽人才的方法，如此，别人才会在感到满足并被授权的情况下加入你的阵营，而不只觉得是被你雇佣的帮手，你了解他人的渴望，别习惯性地测试他人的弱点，相反，运用你的指导型力量，激发他人正面的潜能。

6.注意你痛责他人的冲动，可能代表了你对维持控制权缺乏安全感，或者是你害怕暴露本性及弱点。想想看，你为了维持公平，及保护弱者的行为是否让他人产生不必要的防备？

9. 调停型的办公室性格修炼

调停型是顺应自然者、和谐缔造者、谈判者。他们可以轻易妥协，随时与伙伴的立场保持一致，但同时也使他们自我的企图、渴望、目的及需求遭到流失。

调停型是九型人格中最随和的，他们可以轻易妥协，随时与伙伴的立场保持一致，但同时也使他们自我的渴望、目的及需求遭到流失。他们无私，而且对别人对立的见解敏感，是调停、辅导、达成一致及缓和事态的天生好手。

心思周密但行动缓慢的调停型，不肯屈服于压力之下，尤其是被迫结束的压力。"该发生的总会发生的。"调停型总是这么说。他们花时间聆听你的叙述，与你讨论计划中的正反面，并且顺其自然。与此同时，这种悠闲的态度，有时也代表调停型缺乏进取心，他们的工作伙伴会认为他们麻木而怠慢，是个说话行动都缓慢的官僚式人物，而且言行不一致。

调停型有时为了激发他人发挥优势，而放弃了对自己的激励。在调停型被他人的主张与计划淹没时，他们迷失了自己的路，可能历经数小时、数日或数年后，他才清醒，挫折横生的调停型于是强烈地为失去了自我而恼怒不已。

调停型是极佳的团队建立者，这完全是因为他们可以同时看到许多不同的方面。他们在调停的行动上也如出一辙，由于调停型具有认同发言者的天赋禀异，他们使所有发生冲突的派别产生被聆听和被了解的感觉，这正是调停之所以能奏效的原因。最好的调停将能使双方达成共识。许多九型人格的其他类型，自以为这是他们的专长，但在这方面只有调停型才是真正的天生赢家。

如果你的同事是调停型

调停型共事时，别害怕向他阐明你的立场、优先次序及目标，调停型喜欢，而且会很巧妙地以你的观点来思考，他们不会忽略你所说的一切。他们喜欢让你走在前面，试探你的想法，与他合作吧！别对抗他，或表现固执；调停型的固执绝对不亚于九型人格中任何一个类型，但他们的意图是使一切顺利进行。

与调停型共事时的注意事项：

调停型上司的承诺软弱而多变，利用备忘录及后续跟进来确认他们的承诺和你的行动。别把调停型的沉默误认为同意，也不需要把他的"同意！"当作是答案，调停型自己可能都不知道别人误解了他的意思，如果你不确定调停型上司的主张是否与你的一致，直接去问他，找出真正的可能性和他已应允的承诺。

调停型厌恶指导型式的傲慢自大及炫耀夸张，本性谦逊的调停型也希望你保持低调，别向调停型佯装你比实际上知道的还多，或拥有更多的权力，而且就算真是如此，也别炫耀。

建立非常清楚的工作目标，调停型面临协约时，会变得模棱两可而健忘，所以最好白纸黑字记下来，如果让他自己写下来更好。假使你担心调停型员工能否完成某项特别计划，那就要求他重复并扼要重述项目重点，特别强调彼此协定的截止期限。如果你的老板是调停型，你该负起为自己拟定工作内容及审查标准的责任。

调停型说服自己放弃他本身的重要性，这正是他们不擅长后续工作的原因之一，他需要别人提醒他任务是重要的，他自身也是重要的，而大家都仰赖他完成工作。

鼓励调停型着手计划的最佳办法，便是去询问他的想法。调停型太和蔼可亲了，以致常被忽略：征询他的意见能帮他专注于计划的进展，同时也让他觉得受重视。当调停型觉得被人重视时，神奇的事就会发生。

当调停型需要考虑全盘计划，以及计划与其他事物之间的关联时，他们会招架不住，他们需要知道自己扮演的角色。明确地对他说，"你提出的管理危险物质的建议确实很有用，但让我们先把化学物质编成目录吧！"有些调停型只做自己分内的工作，只有在他们意识到身负更大的责任时，才会有最佳的表现。

如果可能，为你的调停型员工举行定期会议，调停型不会自己要求你分一点时间给他，但当他拥有你完全的注意力时，他会有非常杰出的表现，确定你的时间完全属于他，如果你被电话干扰或其他工作分心，他会感到泄气。

如果你自己是调停型

如果你是调停型，你就要做到以下几点：

1.别再自问接下来需要做什么，最好问接下来需要完成什么，然后动手去完成它，即使其他事引诱着你，也要学着先完成手边的工作。

2.为你的每一个计划写下完美的任务陈述，以明确你的目标和原则，对你的生活也如法炮制，明确你的意图，生活漫无目标的浪漫观念，是调停型错误的承诺。

3.别让不可取的意见左右你的判断，别让可以决定的决策拖延，直接下决定然后迅速向前，这么做不但干净利落，而且也不会造成困惑。

4.自问你所面对的每一个议题：这是你的主张吗？你是否不必要地把别人的问题往自己身上扛？弄清楚你的目标及责任，以区分他人的目标与责任，授权他人，让他们自己去解决自己的问题。

5.缩小你的焦点，虽然你想将每件事牵连至整体画面中，这么做未必总是恰当。缩小焦点可使许多问题更容易解决。

6.别对要求你做出决定的属下嗤之以鼻，有时员工需要实质的指导，而顾客需要一个答案，别一味地表现幽默及接纳，也别太过坚信"到头来一切都会自行圆满解决"。

7.当别人称你为"有分量、重要而影响深远的权威人士"时，也别把这些赞美抛诸脑后。

8.和谐融洽是你与生俱来的权利，但你并非时时刻刻、每种情况都需要它们，还有许多其他的规则可用来判断工作小组的效率。